iPhone芸人かじがや卓哉の

iPhone

超絶便利なテクニック
136

14/Plus/Pro/Pro Max対応

インプレス

はじめに

　おかげさまで「スゴいiPhone」シリーズは、累計発行部数12万部を超えました。この場を借りて深く御礼申し上げます。

　新登場のiPhone 14 Proシリーズでは、大幅なスペック向上がありました。iPhone 6s以降1200万画素だったiPhoneのカメラの画素数が、7年ぶりに向上して4800万画素となりました。カメラ回りについては、歴代iPhoneの中でも大型アップデートと言えます。ただしiPhoneの場合、単純にスペックの向上がそのままウリになっているわけではないのです。

　画素数が増えたことで画像が高精細になるのは間違いありません。しかし、スペックそのままだと1枚の画像のサイズがかなり大きくなってしまい、むしろ扱いづらくなる可能性があります。実際、この4800万画素での撮影は初期設定ではオフになっています。それらを理解した上で使いたいユーザーは使えるという、まさに「Pro」向けの機能と言っていいでしょう。しかし、カメラのスペック向上の本質は、高解像度の写真を撮ることだけではないと思います。この4800万画素が目指したものは、「何も考えなくてもきれいな写真が撮れる」ことではないかと思うのです。

　iPhoneの4800万画素を実現しているクアッドピクセルセンサーは、簡単に言えば、4800万画素を1200万画素相当に集約することによって、明るく美しい写真を再現しています。結果として、ユーザーは写真を撮るときに何も考えなくてもいいのです。これは歴代iPhoneに通じる哲学のように思います。

　そしてiPhoneは、この本で紹介しているテクニックをちょっと加えると、さらに魅力的な端末になります。初心者にも、iPhone歴が長いユーザーにも役立つテクニックを集めたつもりです。今日から皆さんに、ひとつでも多く使っていただければうれしいです。

3

もくじ

4800万画素の高解像度にアクションモードも搭載

撮影が楽しいiPhone 14シリーズ ……… *12*

iPhone 14 & iOS 16対応!
最新テクニック大集合!

CHAPTER 2

iPhoneだけで完了！
機種変データ移行テクニック最新版

CHAPTER 3
初心者は必ず知っておきたい
iPhone基本のテクニック

CHAPTER 4
イチオシのワザが満載!
iPhone芸人オススメテクニック

CHAPTER 5

iOS 16の防御力で攻撃を防ぐ!
iPhone防御・防衛テクニック

CHAPTER 6

ハイスピードでぶっ飛ばせ!
iPhone高速テクニック

CHAPTER 7

上級者こそラクチン操作!
iPhoneで"ずぼら"テクニック

KAJIGAYA's COLUMN

4800万画素の高解像度に
アクションモードも搭載

撮影が楽しい
iPhone 14シリーズ

　iPhone 14シリーズは14 Proと14の2つのシリーズがあり、ディスプレイが6.1インチの14 Proと14、6.7インチの14 Pro Maxと14 Plusという各シリーズ大小2モデルの構成になっています。Proが3眼、14は2眼レンズという点は以前と同じですが、Proシリーズのメインカメラが4800万画素とスペックが大幅に向上。それに伴って光学ズームに2倍が加わり、0.5x／1x／2x／3xというオプションになりました。動画撮影には「アクションモード」が登場。魔法のように手ブレが消える機能です！

　Proシリーズのディスプレイ上部には「ダイナミックアイランド」というセンサーの配置を兼ねた情報表示スペースが用意されました。アプリと連携した動きは美しく、かつ便利です。個人的に大きな変化だと思ったのは、「常時表示ディスプレイ」。ロックして置いてあるiPhoneで、情報チェックができるようになります。

　iPhone 14シリーズの登場で、iPhoneがまたひとつ未来へ向けて進化しました！

iPhone 14 Pro
（ディープ・パープル）

iPhone 14はどこがスゴくなった?

旧機種のデザインを引き継いだiPhone 14 Pro。でも、中身はしっかり進化しています!
「ダイナミックアイランド」はiPhoneの新しい"顔"ですね!

メインカメラは
4800万画素に

3つのレンズのひとつ、メインカメラが4800万画素に。1200万画素からの大幅アップです。

「アクションモード」で
手ブレ知らず

従来の光学式手ブレ補正の機能に加えて、新たに搭載されました。手持ちで歩きながら撮影しても、映像は滑らか。

新登場の
「ダイナミックアイランド」

従来はノッチだった部分が、「ダイナミックアイランド」になりました。アプリと連動して情報も表示します。

光学ズームに
2倍が追加

画素数アップしたメインカメラで撮影した画像を、1200万画素に切り取って実現。光学ズームは0.5x／1x／2x／3xの4種に。

高速なチップが
さらに進化

Proシリーズには、前モデルから進化した「A16 Bionicチップ」が搭載されました。

iPhone 14 Pro

Proシリーズの進化がスゴい!

いざというときの衝突事故検出

自動車事故などの衝突事故を検知すると、緊急通報サービスなどにつなげる機能が追加されました。

「常時表示ディスプレイ」が便利

ロック画面のリフレッシュレートを1Hzに落とし、省電力を維持しつつ常に情報を表示できます。

iPhone 14シリーズの進化のポイント

性能や機能が上がったiPhone 14ですが、これまでの機種とどんな違いがあるのか、目に留まったポイントを紹介します。

POINT 1

ダイナミックアイランド（Proシリーズ）

ディスプレイ上部のセンサーが配置されるスペースをうまく使い、新たな情報表示場所となった「ダイナミックアイランド」。場面によって使われ方が変わります。情報表示だけでなく操作スペースにもなっており、アプリの使い勝手もよくなっています。

電話の着信

充電時のバッテリー残量

画面収録の操作

メモのロック解除のアクション

POINT 2

ロック画面の重要な役割

ロック画面がカスタマイズできるようになりました（P.16参照）。ウィジェットを配置して情報も表示可能です。Proシリーズでは「常時表示ディスプレイ」となったので、ロックして置いてあるiPhoneをチラッと見るだけで、天気や通知の確認ができます。

通常

ロック時

ロック時はやや暗くなり、リフレッシュレートを1Hzまで下げて常時表示を実現しています。ロック時に壁紙や通知はオフにすることもできます

POINT 3

アクションモードで撮影

強力な手ブレ補正機能である「アクションモード」は、画角の一部を切り抜くことで、検知したブレを除去。驚くほど滑らかな動画を撮影できます。ただし、暗いところでは利用できません。

誌面ではまったく伝わらないのですが（笑）、並走しながら撮影した動画も滑らか。撮影時の画面はガタガタ揺れているのですが、記録された動画はジンバル（手ブレ補正用の機材）を使って撮影したような仕上がりです

iPhone 14 & iOS 16対応!
最新テクニック大集合!

CHAPTER 1

iOS 16では、iPhoneの
ロック画面が大変身!
驚きの画像の切り抜き機能も利用して
オリジナルのカッコイイ画面を作りましょう!
使いやすくなった
メールの新機能も注目です!

楽しい新機能が
いっぱいだ!

001 オリジナルのロック画面で 新しいiPhoneを彩る

　新しいiOS 16の大きな変更ポイントとして、ロック画面のカスタマイズ機能があります。これまで壁紙の変更のみだったのですが、今回は時計のフォントやカラー、写真の加工処理など、さまざまなカスタマイズ機能が用意されました。iPhone 14 Proシリーズは、常時表示ディスプレイになったことで、ロック画面はまさに自分のiPhoneの顔になりますね。たくさん作って、着せかえのように楽しんでみてください。

1 「設定」アプリの「壁紙」をタップすると、ロック画面とホーム画面の壁紙のカスタマイズができます。画面中央付近にある「＋新しい壁紙を追加」をタップします

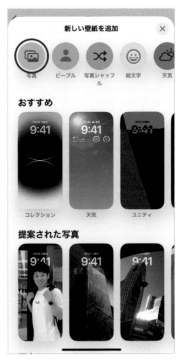

2 壁紙の追加画面が開きます。ここでは「写真」をタップします。「おすすめ」「絵文字」などの各カテゴリーにいくつかのセットが用意されており、ここからも選択できます

ロック画面でロックを解除した状態にして、画面を長押しすると、壁紙のカスタマイズの画面に切り替わります。作成したカスタマイズの画面を長押しすると、壁紙のカスタマイズの画面に切り替わります。作成したカスタマイズの壁紙を削除する場合は、この画面で壁紙を上にスワイプし、赤いゴミ箱アイコンをタップします。

Memo
ロック画面の長押しで
カスタマイズも可能

　また、実用的な機能として、ロック画面にウィジェットが追加できるようになりました。降水確率や気温など、毎日チェックするような情報を配置しておくと、ロックしたiPhoneを見るだけで確認できるので便利です。

壁紙用の写真を
たくさん撮りたくなるね!

3 「写真」では、「おすすめ」に壁紙に使えそうな写真が自動的に並びます。「アルバム」や「すべて」から自分が使いたい写真を選ぶこともできます。好きな画像を選びます

4 選んだ写真が配置されます。選んだのはボクの写真ですが、注目は、時計の文字よりも前に頭があるところ。これは右下のメニューの「被写界深度」のオン／オフで切り替わります

001 オリジナルのロック画面で新しいiPhoneを彩る

Memo

ウィジェットを配置すると
被写界深度が無効に

自動的に写真を切り抜いて、時計の文字より前に配置してくれる「被写界深度」は右下のメニューで切り替えられますが、ウィジェットを配置したときは自動的にオフになり、有効にすることができません。

5 写真の配置を変更します。指2本で写真をドラッグすると、位置を変更したり、拡大/縮小ができます。また、指1本で左にスワイプすると、フィルタを適用できます

6 一番上の日付をタップするとウィジェットの選択、時計の文字でフォントとカラー、「ウィジェットを追加」でウィジェットが、それぞれ選択できます。最後に「追加」をタップします

ロック画面の
カスタマイズで
差を付けろ！

写真シャッフル

iPhoneで選択された写真のセットが1日を通して設定した頻度でシャッフルします。

✓ 👤 ピープル		1人...
✓ 🍃 自然		
✓ 🏙 都市		
シャッフルの頻度		1時間ごと ⌄

Memo

「写真シャッフル」で
写真が切り替わる壁紙

新しい壁紙を追加する画面で「写真シャッフル」を選ぶと、一定の期間で写真が切り替わる壁紙になります。「毎日」「1時間ごと」「ロック時」「タップ時」から頻度を選択可能で、写真は自動選択のほか、最大で50枚まで手動でも選べます。

7 作成した壁紙をロック画面とホーム画面の両方に設定するか、ホーム画面は別途カスタマイズするか選択します。ホーム画面は標準でぼかしが設定されています

8 これで、自動的に今の壁紙に適用されます。一度作成した壁紙からカスタマイズして一部を変更することもできます。作成した壁紙は、選択できるようになります

002 人と違うロック画面を作る カスタマイズのポイントは?

さまざまなカスタマイズ機能が用意されたロック画面。せっかくなので、人とは違った見た目にカスタマイズしたくなりますね。時計の数字を変更したり、ウィジェットを配置する以外に、オリジナリティを高めるためのカスタマイズのポイントを紹介します。

iOS 16では、ロック画面が「集中モード」とリンクします。集中モードを切り替えることで、遊び用と仕事用のロック画面を替えるなど、実用的な使い方もできるようになりました。

右下のメニューをチェック

被写界深度の使い方

ドラッグ

右下のメニューは、選んだ壁紙やフィルタによって内容が変わります。「スタジオ」では背景の明暗が選択できたり、「デュオトーン」ではカラーを変更できます。ガラッと印象が変わりますよ

被写界深度は、写真によって適用されたり、されなかったりすることがあります。時計の文字に重なりすぎると適用されません。また、被写体のエッジがボケて切り抜けない絵柄もNGです

ロック画面を作りすぎてしまった…!

Memo

時計の文字は 隠れないように注意

被写界深度で時計の文字の手前に配置する場合、文字が隠れてしまうと基本的には被写界深度がオフに切り替わります。ただし、オブジェクトによっては文字を隠してしまうこともあるので、時刻が読めるように配置しましょう。

「集中モード」と連動

時計のアレンジ方法

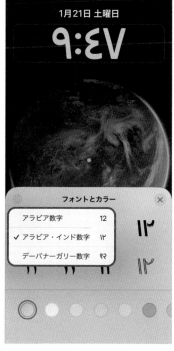

ロック画面は「集中モード」とリンクするようになりました。カスタム画面で設定しておくと、「パーソナル」に切り替えると普段用、「仕事」にすると仕事用のロック画面に切り替えたりできます

実は時計の文字には、通常の「アラビア数字」以外に、「アラビア・インド数字」「デーバナーガリー数字」が選べます。オリジナリティは高いですが、ボクには読めません（笑）

長押しすれば切り抜ける！
「写真」アプリのスゴい新機能！

iOS 16では、驚きの機能が「写真」アプリに追加されました。それが写真の「切り抜き」です。切り抜きとは、写真に写っている被写体だけを周囲から切り離す作業のことで、iPhoneでは素材としてコピーしたり、ほかのアプリで共有したりすることができます。

やり方はとても簡単。人物やペット、建物など、中心の被写体が決まっている写真を長押しするだけで、あっという間に切り抜きが完了します。切り抜いた写真をそのままドラッグし

1 写真アプリで切り抜きたい写真を開いて、メインとなっている被写体を長押しします。すると、スキャンをするようなエフェクトが現れるので、いったん指を離します

2 周囲が少し暗くなり、切り抜いた被写体が浮き出て見えます。切り抜いた輪郭に沿って白く光ったエフェクトが表示されるので、確認しましょう。メニューでコピーか共有を選びます

Memo
Safariやメッセージでも
写真を切り抜ける

切り抜きは、Safariや「メッセージ」アプリで開いた画像でも可能です。Safariの場合は、画像を長押ししたメニューから「被写体をコピー」を選ぶことで、ほかのアプリなどにペーストできるようになります。

て、ほかのアプリを開き、ペーストするといった使い方もできます。

　本来はとても手間のかかる作業なのですが、一瞬でできてしまうのは驚きです。しかも、かなり精度が高いので、ぜひ試してみてください。

世界中で切り抜き写真が増える予感がする!

3 指を離さずにそのままドラッグすると、切り抜いた部分のみを移動することができます。このままほかのアプリを開いて貼り付けたりと、直感的に操作できます

4 切り抜いた写真をコピーして、「メモ」アプリに貼り付けました。どうですか? 髪の毛なども含めて、かなり精度の高い切り抜きです。これは驚きの機能です!

004 空き容量の確保にも！
重複した写真を削除する方法

iPhoneで撮影した写真、友人と受け渡しを繰り返したり、パソコンとの画像のやり取りが重なると、同じものがいつの間にか増えていることがあります。そんなときは「写真」アプリの「重複項目」が便利です。重複項目がある

と、「アルバム」の「その他」に「重複項目」が現れます。開くと、重複した写真や動画が並んでいるので、「結合」すれば重複が解消します。同じ絵柄でも高品質のほうを残してくれるので、気が利いています。

結合してもすぐには消えないので大丈夫

1 「写真」アプリの「アルバム」→「重複項目」を開くと、同じと判断された写真や動画が一覧できます。重複の認識には時間がかかるため、登録してから一日くらい待つといいでしょう

2 「結合」をタップすると片方を「最近削除した項目」に移動します。同じデータは「完全に重複」と表示され、サイズなどメタデータに違いがある場合は高品質なほうを残します

005 「画像を調べる」を使えば カメラが百科事典になる

散歩中に目に留まった植物や昆虫など、名前を調べるには、これまでは特徴などをSafariに入力してWeb検索していました。iPhoneの「画像を調べる」という機能を使えば、カメラで撮影した花や動物、ランドマークなどの情報を、画像で調べることができます。これは「写真」アプリだけでなく、Safariで表示中の画像でも利用できます。いちいち画像検索サイトを開いたりする必要がないので、とても便利ですよ。

調べられるジャンルはどんどん拡大中!

1 撮影した植物を「写真」アプリで開くと、下部の情報ボタンに星のマークが表示されます。これは情報があるという目印で、タップして、「調べる-植物」をタップします

2 「Siriの知識」としてインターネット経由で情報が表示されます。タップすると詳細が閲覧できます。Safariの場合は画像を長押し→「調べる」で「画像を調べる」に入ります

25

006 画像の「編集内容をコピー」して別の画像に同じレタッチ

　「写真」アプリでは、多彩なツールでさまざまなレタッチが可能です。同時に撮影した似たようなカットの場合、まとめてレタッチしたいこともありますよね。でも、写真を見ながら微調整していると作業内容も覚えていない

し、1枚ずつ編集するのも面倒です。そんなときに便利なのが、編集内容のコピー＆ペーストです。文字どおり、画像に対して行った編集内容をコピーして、別の画像に同じ編集作業をまとめてペーストできます。

1 少し暗く写った写真を、さまざまな編集ツールを駆使して、わかりやすくやや強めに明るく補正してみました。作業が終わったら右下のチェックマークをタップします

2 レタッチし終わった画像を開いた状態で、右上のメニューをタップして「編集内容をコピー」をタップします。これで、先ほどの作業内容がコピーされました

まとめてレタッチできる!

Memo

**元に戻すときも
まとめて処理しよう**

iPhoneの「写真」アプリでは、基本的に元の状態の画像が保管されています。オリジナルに戻したいときも、サムネール上ですべて選択して、「オリジナルに戻す」を実行しましょう。

3 サムネール表示に切り替えて、右上の「選択」をタップし、まとめて同じ処理を施したい画像をタップして選択します。右下のメニューを開いて「編集内容をペースト」をタップします

4 サムネール上で選んだ画像に編集内容が適用されていくのがわかります。個別の画像を開くと、すべて同じように明るく補正されています。マークアップや傾き補正は適用外です

007 写真や動画に含まれる文字を コピペや翻訳などで活用する

iOS 15で話題となった「テキスト認識表示」が、iOS 16でついに日本語にも対応しました。例えば、印刷された原稿を書き写したいときは、まずはカメラで撮影し、テキスト部分を長押しして選択範囲を指定します。あとはコピーして書き写したい場所にペーストするだけです。メールアドレスやURLなど、長くて入力しづらい文字列には利用したい機能ですね。一時停止中の動画でも使えるので、表示されている外国語を範囲指定してそのまま翻訳、

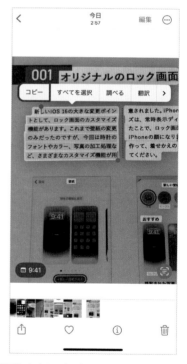

1 まず「設定」アプリの「一般」→「言語と地域」で「テキスト認識表示」がオンになっていることを確認しましょう。オフになっている場合はオンに切り替えます

2 文章を写真に撮ったら、テキスト部分を長押ししてコピーしたい範囲を選択。メニューから「コピー」をタップするとクリップボードにコピーされ、ほかのアプリなどにペーストできます

テレビ画面の
テロップだって
コピーできます

なんてことも可能です。また、広告や
名刺などに書かれた住所を画像右下に
現れる「テキスト認識」アイコンをタッ
プして読み取ったあと、住所の部分を
タップするだけで、「マップ」でその住
所を確認することができるんです。

Memo

フライト情報や通貨の換算も

「テキスト認識表示」機能では、コピペや
翻訳、マップで開くといったこと以外にも、
便名からフライト情報をチェックしたり、
通貨を換算したりすることも可能です。

3 写真撮影することなく、カメラを向ける
だけでテキストを認識させたいときは、
「設定」アプリの「カメラ」を開いて、「検出された
テキストを表示」をオンにしておきます

4 紙に書かれた住所をカメラで読み取り、
右下に表示される「テキスト認識」アイコ
ンをタップ。読み込んだ住所の部分か左下に表示
された住所をタップすると、マップが開きます

008 夜中に書いたメールを 翌日の朝に予約送信する

深夜にメールを書いてはみたものの「こんな時間にメールを送るのは失礼かな……」と、翌朝まで待ってから送信した経験のある人はいませんか？もうそんな気苦労は不要です。いつもどおりメールを書いたあと、送信ボタンを長押しすると、「8:00」や「21:00」、あるいは指定した日時にメールを自動送信する「あとで送信...」を選ぶことができるんです。翌年など、かなり先に送信するように設定することも可能で、忘れそうな誕生日にお祝いメール

1 メールを作成したら、右上の送信ボタンを長押しすると、メニューから送信時間を指定できます。送信時間の選択肢は、状況や時間によって変化します

2 指定の日時に送信したい場合は、「あとで送信...」を選択します。カレンダーで送信する日を指定して、時間をタップして送信時刻を指定。最後に右上の「完了」をタップしましょう

を自動送信するといった仕掛けもOK（笑）。ただし、送信時にiPhoneがオンラインである必要があるので、電波の届かない場所に行く前に予約をして、オフラインのまま予約の日時となっても送信されませんよ。

Memo

**オフラインの環境で
予約の日時となった場合**

「あとで送信」は、スケジュールを指定して送信しますが、サーバー上ではなく端末上での処理となります。予約時に設定したiPhoneがオフラインの場合、予約メールは送信されず、以降、オンラインになったタイミングで送信されます。

3 設定が終わったら、メールボックスに「あとで送信」というメールボックスが表示されます。複数のアカウントを使っている場合、送信予約メールはすべてこの中にまとめられます

4 送信日時を変更するには、「あとで送信」から該当メールを選んで「編集」をタップし、新しい日時を指定します。「あとで送信をキャンセル」をタップすると予約を取り消します

009 返信を忘れそうなメールには 「リマインダー」を設定しよう

　届いたメールにあとから返信しようと思っていたのに、ついうっかり返信するのを忘れてしまった経験ってありませんか？ すぐに返信できないメールには、メールボックスのリストから右方向にスワイプすると現れる「リマインダー」を使いましょう。通知するタイミングを指定しておくと、その時間に通知で知らせてくれます。同時に該当のメールを「受信」ボックスの一番上に表示するので、ほかのメールを確認する際にも思い出せますね。

1 大事なメールが届きました。「これには返信しなくてはいけないけれど、今はできない」という状況のとき、一覧から該当メールを右方向にスワイプします

2 「リマインダー」のアイコンが表示されるので、それをタップ。メニューからリマインダーのタイミングを選びます。ここでは「あとでリマインダー」を選択します

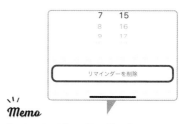

ただし、そのあと新着メールが届くと表示順が下がってしまうので、通知が届いた段階ですぐに返信できそうにない場合は、もう一度リマインダーで日時を設定して再度通知を受け取るようにするのがオススメです。

Memo

リマインダーの取り消し方

リマインダーを設定したメールの設定時間の変更や取り消しを行う際も、設定時と同じようにメールを右方向にスワイプします。「リマインダー」をタップすると、リマインダー時刻の変更や取り消しが可能です。

3 通知させたい日を選んだら、「時刻」をオンにして、下に現れるダイアルで時刻を設定しておきましょう。最後に右上の「完了」をタップすると準備はOKです

4 リマインダーを設定したメールには、時計のアイコンが付きます。通知が来ると、ほかの受信した時間に関係なく、メールボックス内の一番上に表示されます

010 送信したメールを あとから**取り消す方法**

メールを送信したあとで写真の添付し忘れに気付いたり、書きかけで送信ボタンを押してしまったりと、そんな失敗ときどきありますよね。iOS 16では、メールを送った直後であれば、送信をキャンセルすることができるよ

うになりました。もう訂正メールの再送信も不要です！ キャンセル期限は、10秒、20秒、30秒から選べるようになっています。メールの間違いに気付くのって、なぜか送信直後が多いんですよね（笑）。

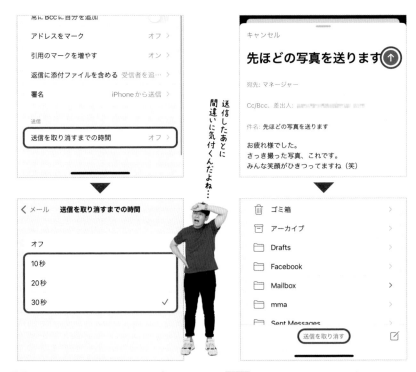

1 送信を取り消せる制限時間は、「設定」アプリの「メール」にある「送信を取り消すまでの時間」で変更できます。オフ、10秒、20秒、30秒から選べます

2 メール送信後、メールボックス画面の一番下に表示される「送信を取り消す」をタップすると送信がキャンセルされ、編集画面に戻ります。表示されていない場合は送信済みです

011 メッセージを誤送信しても 編集や取り消しができる!

　iPhone同士でやり取りできる「メッセージ」アプリのiMessageでは、間違って送信したメッセージを15分以内なら編集可能で、2分以内であれば送信を取り消せるようになりました。メッセージは5回まで編集できます。

　ただし、編集履歴は全員が参照可能で、送信が取り消された場合はその旨が表示されるので、完全に「なかったこと」にはなりません。まずは、普段から取り消さなくても済むように心がけましょう。

1 送信して15分以内なら、吹き出しを長押しして表示されたメニューから「編集」を選ぶとメッセージを編集できます。2分以内なら「送信を取り消す」をタップして取り消せます

2 編集したメッセージは「編集済み」と表示されます。この部分をタップすると編集する前の履歴を参照できます。これらは相手からも見えるので注意しましょう

012 スクショを撮ったあと ライブラリに残さない方法

iPhonoの画面上の情報を伝えたいときに、スクリーンショットを撮って送る人は多いと思います。でも、送信後の不要な画像が写真ライブラリにたまってしまいますよね。そこで活用したいのが、撮影したスクリーンショットをクリップボードにコピーして、画像自体は削除する「コピー＆削除」です。メールやLINEなどにペーストすればOK。ファイルは「最近削除した項目」に入るので、ライブラリには残らず、30日後に削除されます。

これでライブラリがスッキリ！

1 サイドボタン＋音量を上げるボタン（ホームボタンとサイドボタン）を同時に押してスクリーンショットを撮り、画面左下のサムネールをタップ。左上の「完了」をタップします

2 メニューが開くので、「コピー＆削除」を選ぶと、スクリーンショットがクリップボードにコピーされ、画像は「最近削除した項目」に入ります。30日以内であれば取り出せます

013 画面が横向きのままでも Face IDが使える!

　ボクはiPhoneで動画を見るとき、ホルダーを使って横向きに固定しています。ただその場合、一度画面をロックしてしまうと、いったんiPhoneを縦向きに持ち替えてFace IDで顔認証して再び横向きにするという手間が必要でした。でもiOS 16では、横向きのままFace IDでロック解除が可能になったんです。Safariのパスワード自動入力やApple Payにも対応しています。ただし、iPhone 13シリーズ以降に限られます。

地味だけど助かる機能!

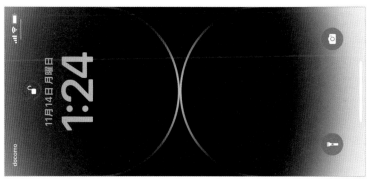

iPhone 13シリーズ以降なら、画面が横向きのままでもFace IDで画面ロックの解除ができます。スマホホルダーなどで横向きに固定しているときに便利です

Safariのパスワード自動入力にも対応しています。横向き画面でWebブラウジングしていると、Face IDが手間だったのですが、これでずっと快適になります

014 気になるバッテリー残量を パーセント（%）で表示する

iPhoneもずいぶんとバッテリーが長持ちするようになりましたが、やはり残量は常に気になるもの。できれば正確に知りたいですよね。

iPhone X以降の機種には画面上部にノッチと呼ばれる黒いスペースがあ

り、その影響からか、バッテリー残量のパーセント表示を常時行うことができなくなっていました。しかし、iOS 16で待望の復活です！もういちいちコントロールセンターから確認しなくてもいいんです。

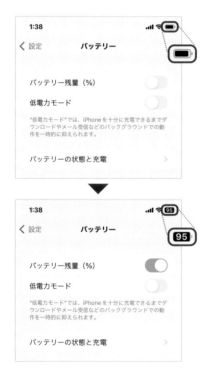

1 「設定」アプリの「バッテリー」を開いて、「バッテリー残量（%）」をオンにすると、画面右上のバッテリーアイコンの中にバッテリー残量がパーセントで表示されます

2 iOS 16.1以降では、実際のバッテリー残量に合わせてバッテリーアイコンも変化します。例えば30パーセントまで減ったとき、アイコンの右側70パーセントが薄く表示されます

015 つないだことのあるWi-Fiの パスワードを確認する方法

Wi-Fiルーターの底面などに書かれたパスワードをiPhoneに入力したあと、別の機器でも同じパスワードを入力したいとき、これまでは、再度ルーターをひっくり返して確認する必要がありました。しかしiOS 16では、iPhone上で接続中、または過去に接続したことのあるWi-Fiパスワードを表示したり、コピーしたりできるようになりました。また、Wi-Fiの接続履歴からアクセスポイントごとに自動接続を解除することも可能です。

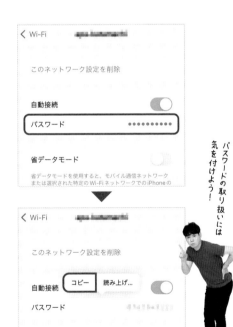

パスワードの取り扱いには気を付けよう!

1 「設定」アプリの「Wi-Fi」で、右上の「編集」をタップ。認証後に、これまで接続したことのあるアクセスポイントがリスト表示されるので、目的の項目の「i」をタップしましょう

2 そのアクセスポイントのパスワードがドットで隠されています。この部分をタップするとパスワードが表示され、「コピー」を選ぶとクリップボードにコピーできます

016 作業に没頭するなら 「集中モードフィルタ」を使おう

　仕事中に調べ物をしようとして、つい関係ないアプリを起動したりしませんか？ そんな弱い意志の前に立ちはだかるのが、従来の「集中モード」をより強化する「集中モードフィルタ」です。

　例えば、仕事モードのときにプライベートなメールが来たとします。集中モードフィルタを設定した場合、このメールは、単にミュートされるだけではなく、「メール」アプリを開いても存在しません。仕事モードを解除して、初めて存在に気付くことができるのです。

1 はじめに「設定」アプリで「集中モード」をタップして「集中モード」の画面を表示します。次に、集中モードフィルタを設定するモード（ここでは「仕事」）を選択します

2 「仕事」集中モードの設定画面を「集中モードフィルタ」までスクロールして、「フィルタを追加」をタップします。なお、通知や画面の設定もこの画面で行います

　このように、気が散る要因となるものをあらかじめフィルタリングすることで、仕事やプライベートの時間により集中できるようにする「集中モードフィルタ」は、勉強中に気が散ってしまう人にもオススメの機能ですね。

Memo

Appフィルタとシステムフィルタ

集中モードフィルタには、「メール」や「カレンダー」などのAppフィルタのほかに、システムフィルタがあります。システムフィルタでは、外観モードの切り替えや低電力モードのオン／オフを指定できます。

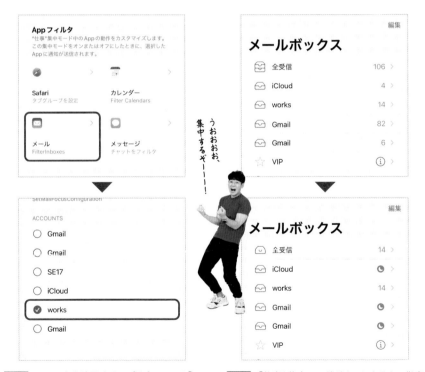

うおおおお、集中するぞ───！

3 フィルタを適用するアプリ（ここでは「メール」）をタップし、フィルタリングするメールアカウントを選択すると、そのアカウントの新着メールだけを読み込みます

4 「仕事」集中モードがオンになると、指定外のメールボックスに集中モードアイコンが表示され、「全受信」メールボックスには指定したアカウントのメールのみ表示されます

017 進化した「スマートフォルダ」に メモを自動で整理してもらおう

ボクも含めて吉本興業の芸人には、面白いエピソードや気になる情報を「メモ」に保存する人が多いですね。でも、メモも積もれば膨大な量になって、探すのに苦労します。そんなときに登場したスマートフォルダ機能は、

メモ魔のボクにとって救世主です。

「メモ」アプリでは、これまでもフォルダやタグを使ってメモを整理、分類できましたが、手動のフォルダ分けは、それなりに手間がかかります。ところが、スマートフォルダなら、フォルダ

メモがどんどん整理されていく！

1 「メモ」アプリを起動し、「フォルダ」画面左下の新規フォルダアイコンをタップします。次の画面でフォルダ名を入力し、「スマートフォルダに変換」をタップします

2 「フィルタ」画面では、メモをフィルタリングする条件を設定します。例えば、「作成日」→「7日以内」とタップすると、7日以内に作成したメモが自動で抽出されます

作成時に作成日や添付ファイルの有無などの条件を指定するだけで、あとは自動でメモを整理してくれます。

　メモが多すぎてフォルダ分けをあきらめてしまった人も、これを機にもう一度メモの整理整頓してみませんか?

3 フィルタは複数組み合わせることで、条件を絞り込むことができます。設定が済んだら「完了」をタップし、前の画面に戻ったら再度「完了」をタップして設定完了です

4 「フォルダ」画面に戻ると、スマートフォルダ(ここでは「要チェック」)が追加されたことがわかります。これをタップすると、条件を満たすメモがまとめて表示されます

018 経路検索するなら 「マップ」をオススメするワケ

　「マップ」アプリの機能のひとつに経路検索があります。iOS 16では、「マップ」の経路検索と「Wallet」アプリに追加した交通系ICカードが連携できるようになりました。例えば、経路検索をした区間の運賃に対して、「Wallet」

アプリのモバイルSuicaの残高が不足していると「残高不足」のアラートが表示され、そのままチャージもできます。いつも改札で慌ててしまう人にとっては、経路検索するだけでチャージもできるありがたい機能です。

1 「マップ」アプリで、交通機関を利用する区間の経路を検索します。Walletに登録済みの交通系ICカードの残高が運賃に足りないと、「残高不足」のアラートが出ます

2 左の画面で「Suicaをチャージ」をタップするとチャージ画面が表示されるので、金額を入力してチャージしましょう。なお、運賃は、検索結果の各経路ごとに表示されます

※Suicaの残高不足のアラートは表示されない場合があります（2022年12月現在）。

019 ドアの種類と開け方は 「拡大鏡」アプリに教わる

iPhone 12 Proで搭載されたLiDARスキャナは、光を照射してiPhoneと周辺の物体との距離を正確に測定し、物体の形状や空間の奥行きなどを認識する機能です。iOS 16ではこのLiDARスキャナを使って、ドアを検出できるようになりました。目の不自由な人にとって役立つ機能であることはもちろんですが、iPhoneひとつで周辺の環境を読み取れる、ちょっと未来を感じる機能です。なお、対応機種はiPhone 12 〜 14のProシリーズです。

1 ドアの検出は「拡大鏡」アプリを使います。アプリは検索か「Appライブラリ」から起動します。起動したらドアに向けて「検出」アイコンをタップします

2 画面左側の「ドア」アイコンをタップします。ドアを検出するとアラート音が鳴り、ドアノブやハンドルの形状を認識して、開け方を教えてくれます

生活をサポートしてくれる機能です

020 サイドボタンを押しても 通話を終了させません！

通話中に誤ってサイドボタンを押してしまい、話の途中で通話を終了してしまった経験がある人は、ボクだけではないはず。人間関係を悪くする前に、サイドボタンを押しても通話を終了しないように設定しておきましょう。

この機能をオンにしておけば、誤操作による通話の終了を防げるだけでなく、通話中にサイドボタンを押して画面を暗くすることもできます。スピーカー通話中に画面を消して、バッテリーの消費を抑える効果も期待できます。

1 「設定」アプリで「アクセシビリティ」をタップします。アクセシビリティの設定項目「身体機能および操作」の部分までスクロールして「タッチ」をタップします

2 「タッチ」の設定画面で「ロックしたときに着信を終了しない」のスイッチをタップしてオンにします。これで、うっかりサイドボタンを押しても通話は終了しません

021 自動生成パスワードを 都合のいい文字に編集する

「iPhoneから提案された強力なパスワードが登録できない！」これは、iPhoneでパスワード管理をしているユーザー、ほぼ全員が経験済みでしょう。多くの場合、長すぎる文字列や使えない記号で引っかかります。

でも、もう安心です。iOS 16ではパスワードの文字列を編集できるようになりました！ これにより、サイトごとに設けられた制約に合わせて、自分で内容を調整できるので、セキュリティを保ちながら登録作業ができます。

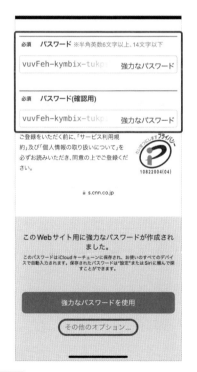

1 SafariでWebサイトの登録画面を開き、パスワード入力欄をタップすると、強力なパスワードが生成されます。画面下部の確認メッセージで「その他のオプション」をタップします

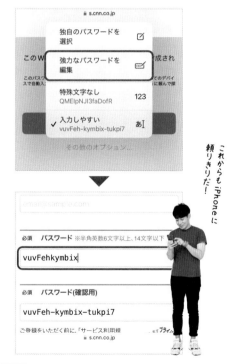

これからもiPhoneに頼りきりだ！

2 メニューから「強力なパスワードを編集」をタップします。続いて、生成されたパスワードをタップするとカーソルが表示されるので、そのまま文字列を編集します

47

現実世界に道案内が現れる「AR経路案内」を使ってみた!

iPhoneの「マップ」アプリが「AR経路案内」に対応しました。日本では、東京、大阪、名古屋、福岡など7都市が対象エリアに入っています（2022年12月現在）。AR経路案内とは、実際の道をカメラでスキャンして現在地をカメラの目線で把握し、iPhoneをかざすと現実の風景に方向指示などを重ねて表示することでルート案内する仕組みです。標準のマップ表示では、どちらの方角に進めばいいのか迷うことがありますが、目の前の風景に案内が浮かび上がるので、スムーズに目的地までたどり着けるというわけです。

AR経路案内は徒歩による経路検索が対象になりますが、歩きながら経路を表示しようとすると「じっと立っていてください」と、歩きスマホを防止する仕組みが作動するのが何ともアップルらしい機能です。

対象のエリアではARアイコンが表示されるので、タップすると指示が現れ、周囲の建物などをスキャンしたあとに案内が始まります

iPhoneだけで完了！機種変データ移行テクニック最新版

これで機種変更もラクラク！

新機種を購入して最初の難関は
旧機種からのデータ移行。
でも、この移行テクニックを
読めば大丈夫！
iPhoneだけで済ませるワザから
LINEのアカウントまで、
データ移行はこれでバッチリです！

022 iPhone→iPhoneなら データ移行は超簡単！

　新しいiPhoneにワクワクしつつも、機種変更の最初の難関、データ移行に頭を抱えている……そんな人に朗報です。実は、iPhoneからiPhoneへのデータ移行は超簡単！ iOS 12.4以降のiPhoneなら、新しいiPhoneに旧iPhoneをかざすだけで、データをまとめて転送してくれる「クイックスタート」が利用できるんです。

　とはいえ、何らかのトラブルが起きる可能性はゼロではありません。バックアップも忘れずに（P.52〜57参照）。

1 新しいiPhoneを起動して、言語や地域を選択するとクイックスタートの画面になります。ここで新iPhoneはいったん置いて、これまで使用していた旧iPhoneを用意します

2 置いておいた新iPhoneに旧iPhoneを近づけると、画面に「新しいiPhoneを設定」と表示されるので、Apple IDを確認して「続ける」をタップします

Memo

新iPhoneのOSのほうが 古い場合はアップデート

iOSは、特に新機種が出た直後、頻繁にアップデートします。購入後しばらく置いてあったり、店舗での在庫期間が長かったりすると、購入した新機種のOSのほうが旧機種よりも古い場合があります。そんなときは新端末をアップデートしてからデータ移行しましょう。

一番手間がかからない方法です!

3 新iPhoneにモヤモヤしたパターンが表示されると、旧iPhoneの画面の半分がカメラに切り替わります。カメラの円の中にモヤモヤしたパターンが収まるように配置します

4 パスコード入力後、各種設定へと進みます。Apple IDを確認するとデータ転送が始まります。転送終了後、App Store経由でアプリがインストールされて完了です

023 パソコンなしでもOK！
iCloudでバックアップしよう

機種変更時のデータ移行はもちろん、iPhoneの不具合で初期化が必要になったときにも、バックアップがあれば安心です。定期的にバックアップするのは面倒？ iCloudを使えば、パソコンがなくてもiPhone単体でバックアップできる上、電源やWi-Fiへの接続と画面がロックされていることなどの条件がそろえば、寝ている間に自動でバックアップ完了です。

iCloudのバックアップで保存されるのは、アプリが保持するデータや設

普段のバックアップもこれでバッチリ！

1 「設定」アプリ画面上部の名前→「iCloud」の順にタップして「iCloud」画面を開き、「iCloudバックアップ」タップします。バックアップ時は、Wi-Fi接続がオススメです

2 「今すぐバックアップを作成」をタップします。なお、自動バックアップは電源と回線につながった状態で、なおかつ画面がロックされている場合に実行されます

定、コンテンツの購入履歴などで、ア
プリ本体や、すでにiCloudに保存済
みのメールやカレンダーなどのデータ
は含まれません。これらのデータは復
元の際にiCloudやApp Storeから直
接ダウンロードされます。

Memo

機種変時だけ
無料で使えるiCloudストレージ!

新iPhone購入時に限り、転送用の
iCloudストレージが無料で利用できま
す。このストレージに作成したバックア
ップデータの保存期間は21日間。また、
旧端末はiOS 15以降にアップデートし
ておく必要があります。

3 バックアップが作成されると、iCloud上にバックアップを作成したデバイスが表示されます。「このiPhone」をタップして、バックアップの内容を確認しましょう

4 タップしたデバイス(ここでは「かじがや卓哉のiPhone」)のバックアップ情報のほか、各アプリのデータのバックアップ状況や、オン／オフの切り替えも可能です

024 iCloudのバックアップから iPhoneを復元する

iPhoneのデータの移行で、最も手軽な方法は「クイックスタート」の利用ですが（P.50参照）、新しいiPhoneの購入と同時に古いiPhoneを手放してしまった場合、クイックスタートは使えません。そこで、前のページで説明したiCloudに保存したバックアップを使ってiPhoneを復元する方法を説明します。

バックアップからの復元は、機種変更だけでなく、トラブルなどでリセットが必要になったiPhoneを元の状態

1 新しいiPhoneまたはリセットしたiPhoneで、「こんにちは」の画面に続いて国や言語の設定をしたあと、クイックスタートの画面で「手動で設定」をタップします

2 続いて、表示される手順に従ってiPhoneのアクティベートと初期設定を行い、「Appとデータ」画面が表示されたら、「iCloudバックアップから復元」をタップします

に戻すときにも使えるので、次のペー
ジのパソコンを使ったバックアップと
併せて、いろいろな方法を覚えておく
と安心です。旧機種を手放す際はもち
ろん、日ごろから定期的にバックアッ
プを取っておくことも忘れずに！

2ファクタ認証

確認コードを含むテキストメッセージを
●●●●●●●●●77に送信しました。続けるにはコ
ードを入力してください。

− − − − − −

確認コードを受信されませんでしたか？

Memo

iCloudのサインインは
2ファクタ認証

Apple IDを使ってデバイスやWebブラウ
ザでサインインする際、2ファクタ認証を
行います。iCloudバックアップからの復元
の際にも認証が必要になるので、信頼でき
るデバイスなどの準備をしておきましょう。

Apple IDとパスワードを入力してバック
アップを作成したiCloudにサインインす
ると、「バックアップを選択」画面が開くので、復
元したい日時を選択します

Apple PayやSiriなどの設定を行ったあ
と、最後にiCloudからの復元が開始し
ます。なお、Apple PayやSiri、Face IDなどは、
あとから設定することも可能です

025 パソコンを使って iPhoneを丸ごと**バックアップ**

　クラウドもいいけど、大切なデータは手元に置いて管理したい派の人には、iPhoneの中身をパソコンで保管する方法を紹介しましょう。

　パソコンでのバックアップ管理は、容量が気になるiCloudに比べて

ストレージに余裕があることに加え、Wi-Fiやモバイルデータによる通信が発生しないので、通信量を気にせず、いつでも気軽にバックアップできるメリットもあります。

　また、iPhoneと同じアップル製

1 ここではmacOS Montereyをインストールした Macでバックアップを作成します。まずUSB-LightningケーブルでiPhoneとMacを接続し、Finderウィンドウのサイドバーで iPhoneを選択します

暗号化の
パスワードは
絶対忘れないで！

2 初めてiPhoneとMacを接続すると、双方の画面で互いのデバイスについて確認メッセージが表示されます。それぞれ「信頼」をクリック／タップします

Memo

iTunes for Windows

iTunesは音楽や動画などのコンテンツの再生／購入／管理および、iPhoneとの同期を行うソフトです。Windows用iTunesは、Appleの公式サイトまたはMicrosoft Storeからダウンロードできます。

●https://www.apple.com/jp/itunes/

●https://apps.microsoft.com/store/detail/itunes/9PB2MZ1ZMB1S

のMacなら、iPhoneを接続するとバックアップの作成や同期、復元がFinderから直接実行できます。なお、WindwosやmacOS Catalina以前のMacでは「iTunes」というソフトを使って同期します。

MacのFinderウィンドウに表示された画面で「iPhone内のすべてのデータをこのMacにバックアップ」にチェックを付けて、「今すぐバックアップ」をクリックします。「ローカルのバックアップを暗号化」にチェックを入れた場合は、復元時に使用するパスワードを入力します。このパスワードは忘れないように注意！

バックアップ完了後、「バックアップを管理」をクリックすると、過去に作成したバックアップのリストが表示されます。古いバックアップなど不要なデータがあれば、ここで削除できます

026 パソコンのバックアップから iPhoneを復元する

パソコンで作成したバックアップは、データの復元もiPhoneとパソコンを接続して行います。パソコンでのバックアップには、認証情報や再ダウンロードが可能なコンテンツなどの例外はあるものの、iPhoneをほとんど丸ごと保存できるので、機種変更や不具合でiPhoneをリセットしたときに、ほぼ元の状態に戻せるメリットがあります。では、前ページで作成したパソコンのバックアップからiPhoneを復元してみましょう。

1 前ページで作成したバックアップでiPhoneを復元します。P.56の**1**の要領でiPhoneをMacに接続し、FinderウィンドウのサイドバーでiPhoneを選択します。新しいiPhoneやリセットしたiPhoneを接続すると、このような画面が表示されます

2 「このバックアップから復元」でバックアップ元を選択し、「続ける」をクリックします。復元データが出てこない場合は、iOSのバージョンが古い可能性があります。iPhoneが新品でもアップデートが必要なこともあるので注意しましょう

これで
元の iPhone が
復活だ!

Memo

バックアップの対象に含まれないもの

パソコンでバックアップした場合でも、次のものは対象に含まれないので注意しましょう。

● AppStoreやiTunesStoreなどから入手した
　アプリやコンテンツ
● iTunesで同期したコンテンツ
● iCloudにすでに保存されているデータ(メールなど)
● Face IDやTouch IDの設定
● Apple Payの情報と設定内容

3 バックアップ作成時に、データの暗号化を有効にした場合は、バックアップ作成時に設定したパスワードを入力してから、「復元」をクリックします

4 復元中は、ケーブルを抜かずに待ちましょう。iPhone側に「復元しました」が表示されたら「続ける」をタップし、画面の指示に従って初期設定を行います。なお、アプリの設定やデータはバックアップから復元されますが、アプリ本体はApp Storeからダウンロードされるので、そのまま待機します。回線はWi-Fiがオススメです。このときケーブルは抜いても構いません

027 MVNO回線を使用する場合は APN構成ファイルを忘れずに

　大手キャリアだけでなく、格安の MVNO事業者と契約して、自分で SIMカードを挿して使っている人も多いと思います。MVNOの回線を使う場合、「APN構成ファイル」のインストールが必要です。新規契約時はもち ろん、前のiPhoneからSIMカードを差し替えて引き継ぐ際にも、忘れずにインストールしましょう。

　また、最近のiPhoneにはeSIMという、自分でSIMカードを挿さなくても端末に内蔵されたチップを使って

1 ここでは物理的なSIMカード使用時の APN構成ファイルのインストール方法の一例を紹介します。まずはiPhoneの電源を落としてSIMカードを挿入します。iPhoneを起動し、Wi-Fiに接続した状態で、契約しているMVNOのAPN構成ファイルをダウンロードします

2 APN構成ファイルをダウンロードしたら、「設定」アプリを起動します。名前の下に「ダウンロード済みのプロファイル」と表示されていればOKです。そこをタップしましょう

通信プランをアクティベートする仕組みが組み込まれています。どちらの場合も、契約している通信事業者によって設定方法が異なるので、詳しくは各MVNOのWebサイトなどで確認してください。

Memo

eSIMクイック転送で機種変時の移行が簡単に!

これまで、機種変更時にeSIMを引き継ぐ際、再発行などの手続きが必要になる点がeSIMの弱点でしたが、「eSIMクイック転送」に対応したiOS 16で移行が簡単になりました。ただし、eSIMクイック転送に対応した事業者のeSIMが対象です。契約している事業者のWebサイトなどで確認しましょう。

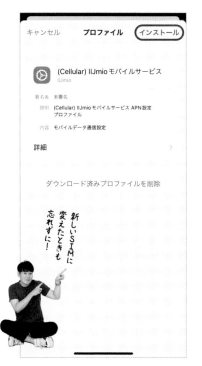

3 ダウンロードしたAPN構成ファイルが表示されます。右上の「インストール」をタップして、確認メッセージ表示後に再度「インストール」をタップすると、インストールが始まります

4 インストールが終わると、「インストール完了」の画面になるので、「完了」をタップします。Wi-Fiを一時的にオフにして、右上に「4G（または5G）」の表示があれば完了です

028 Suicaを移行するときは まず旧iPhoneから削除しよう

　機種のデータを移行する際、Apple Payに登録した各種カードの情報はiCloud上にバックアップされるので、同じApple IDでサインインすれば復元できます。ただし、Suicaなどの交通系ICカードは機種にひも付いているため、機種変更の際は旧端末側のカードを削除する必要があります。

　なお、新機種へのSuicaの登録はセットアップ時に行えるほか、あとから「ウォレット」アプリ上で追加することも可能です。

1 回線に接続した旧iPhoneで「設定」アプリ→「ウォレットとApple Pay」の画面で、移行するSuicaを選択し、次の画面最下段にある「カードを削除」をタップして削除します。端末から削除したSuicaはサーバーに退避されます

2 回線に接続した新iPhoneの「ウォレット」アプリで「＋」をタップし、「ウォレットに追加」画面で「以前ご利用のカード」をタップします。再設定するカードを選択して「続ける」→「カードを追加」画面で「次へ」をタップで完了です

029 QRコードでより簡単に!
機種変更時のLINE移行術

　友だちや家族との連絡はLINE！という人は多いですよね。だからこそ機種変更時のデータ引き継ぎは超重要！

　いくつか用意されている移行方法の中から、最新の「QRコードログイン」を使ったデータの移行方法を紹介します。なお、旧iPhoneが手元にない場合は、LINEアカウントにひも付けたApple IDやメールアドレスでログインします。いずれの場合もメールアドレスやパスワードの登録、トークのバックアップなどの準備をお忘れなく。

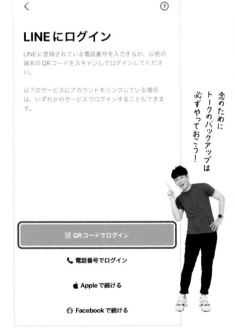

念のためにトークのバックアップは必ずやっておこう！

1 旧iPhoneの「LINE」アプリで「設定」→「かんたん引き継ぎQRコード」をタップして、QRコードの画面を表示します。操作を行う前に、トークのバックアップは念のため必ずとっておきましょう

2 新しいiPhoneの「LINE」アプリを起動し「LINEへようこそ」画面の「ログイン」→「QRコードでログイン」をタップして旧iPhoneのQRコードを読み取ります。あとは画面の指示に従って本人確認やトークの引き継ぎを行います

030 復元時に使いたいアプリを 優先的にダウンロードする方法

機種変更やリセット後にiPhoneを復元すると、最後にアプリのダウンロードが始まります。ボクのように山のようにアプリをインストールしていると時間がかかるので、つらい作業です。その際、インストール待ちのアプリは「待機中」となり、すぐに使うことができません。使いたいアプリは優先的にダウンロードしましょう。アイコンを長押ししてメニューが表示されたら、「ダウンロードを優先」を選択すれば、先にダウンロードされますよ。

1 iPhoneの一連の復元作業の最後がアプリのダウンロードです。すぐに使いたいアプリが「待機中…」の場合は、長押ししましょう。なお、ウィジェットもアプリと共に復元されます

2 メニューが開きます。アプリは順不同で数個ずつダウンロードされますが、ここで「ダウンロードを優先」を選べば、優先的にダウンロードされ、終わればすぐに起動できます

031

iOS **Androidから乗り換えたい？アップル純正アプリでOK！**

　iPhone同士ならいいけれど、Androidから乗り換えるのは面倒そう……と思っていませんか？ 実はAndroid用にも移行ツール「iOSに移行」が用意されています。

　「iOSに移行」は、アップル純正のデータ移行ツールで、連絡先や写真、メールアカウントにブックマークなどが簡単かつ安全に移行できます。なお、移行作業はAndroidとiPhone両方のデバイスを電源とWi-Fi回線に接続した状態で行います。

1 Androidの「Play ストア」から「iOSに移行」をインストールします。新しいiPhone、またはリセット後の「こんにちは」が表示されているiPhoneを準備してから、Android側で「iOSに移行」アプリを起動します

このアプリでAndroidユーザーを誘ってみよう！

2 新iPhoneの初期設定で「Appとデータ移行」まで進み（P.54参照）、「Androidからデータ移行」を選ぶと表示される6桁のコードをAndroid側に入力します。その後、転送したいデータを選択すると転送が始まります

iPhoneで衛星通信を行う日が やってきた

iPhone 14 シリーズの隠れた目玉機能である衛星通信機能が、アメリカとカナダで 2022 年 11 月 15 日から利用可能になりました。これは、iPhone が圏外であっても衛星通信を使って緊急通報ができる機能で、もしものときに命を助けてくれるかもしれない重要な役目も担っています。

緊急通報を行った場合、画面に表示される質問に答えることで位置情報やバッテリー残量などと一緒にメッセージを送信します。データ量が重くならないようにテキストは最大 300 パーセント圧縮されて送受信され、見晴らしのいい場所でも約 15 秒程度と、通信にはそれなりに時間がかかるようです。12 月にはヨーロッパの 4 カ国で利用できるようになる予定です（2022 年 12 月現在）。

衝突検知も搭載されるなど、iPhone は緊急時に所有者のそばにある通信デバイスとしての役目が重要視されてきています。日本でもまだ圏外の場所は数多くあり、早い対応が期待されますね。

衛星を利用した緊急通信時の画面。
注意点などが表示されています

CHAPTER 3

初心者は必ず知っておきたい iPhone基本のテクニック

iPhoneがスゴいのは、
誰でもすぐに使えるところです。
さらに、ここで紹介するテクニックを
合わせれば、もっと魅力的な端末に
見えてくるはずです。
初心者必見の基本のテクニックを
紹介します！

ここ、テストに出るぞ。

032 ホーム画面が便利になる 「**ウィジェット**」を配置しよう

iPhoneのホーム画面には、アプリだけでなく「ウィジェット」を配置することができます。ウィジェットとは対応アプリが備える機能のひとつで、アプリを開かなくてもさまざまな情報がホーム画面からひと目でチェックでき

たり、必要な機能をタップひとつで呼び出したりできます。

例えば、今日の天気や予定、お気に入りの写真、メモ、音楽のジャケット画像など、やるべきことをチェックして、気になる情報をタップすると

1 ウィジェットを配置するには、まずホーム画面の空いている部分を長押しします。アイコンが震え始めて編集可能な状態になったら、左上の「+」をタップします

2 表示されたウィジェットの選択画面をスクロールすると、利用可能なウィジェットが確認できます。配置したいウィジェットが見つかったら、サムネールをタップします

アプリが起動します。ウィジェットはホーム画面の好きな場所にアプリと並べて配置可能で、表示サイズは大／中／小の3種類。ホーム画面を自分好みにカスタマイズすると、iPhoneがもっと使いやすくなりますよ。

Memo

設定変更は「長押し」で

ウィジェットを長押しすると表示されるメニューから、ホーム画面の編集（並び替え）やウィジェットの削除のほか、アプリによってはウィジェットの編集（表示内容の変更）も可能です。

便利な位置に配置しよう

3 ウィジェットによってはサイズの選択肢があります。画面を左右にスワイプしてサイズを選び、「ウィジェットを追加」をタップします。サイズや機能はアプリによって異なります

4 ウィジェットが配置されました。位置を変更できるほか、複数配置することも可能です。タップするとWebサイトが開いたりアプリが起動するものもあります

033 片手の操作もラクになる 「ウィジェット」の便利ワザ

ウィジェットを配置することで、iPhoneの使い勝手が上がるテクニックをご紹介しましょう。ホーム画面の上部に並んでいるアプリのアイコンは、片手で持ったときに親指が届きにくいのが難点です。ウィジェットを最上部に配置すれば、そのスペース分だけアプリのアイコンが下に降りてくるので、指が届きやすくなるんです。小サイズか中サイズのウィジェットを上段に置けば、調整しやすいです。

また、ウィジェットを複数使いたい

ウィジェットをホーム画面の上部に、その下によく使うアプリを並べておけば、片手で操作する場合でもアプリに指が届きやすくなります。アプリの数は減りますが、手が小さい人にも便利

同じサイズのウィジェットをドラッグして重ねると、スマートスタックになります。ウィジェットの追加画面からプリセットされたスマートスタックを配置することも可能です

けれどスペースも確保したいという贅沢な悩みは、複数のウィジェットを重ねて配置できる「スマートスタック」で解決です。スマートスタック上のウィジェットはスワイプで切り替えられますが、「スマートローテーション」をオンにすると、利用状況から判断して、時間や場所に適したウィジェットが表示されます。

　なお、スマートスタックはここで紹介する方法のほかに、新規ウィジェットとして作成することもできます。

スマートスタックは、表示部分を上下にスワイプすることでウィジェットを切り替えられます。ウィジェットは10個まで登録可能で場所の節約になりますが、数が増えると操作も増えるので注意

スタックを長押しして「スタックを編集」を選ぶと、編集画面に切り替わります。「−」をタップしてウィジェットを削除したり、ドラッグで順番を入れ替えたりすることが可能です

034 ホーム画面が増えすぎたら 不要なページを隠しましょう

アプリをどんどんインストールしたり、便利なウィジェットを増やしたりしていると、ホーム画面のページが増えすぎてしまいます。何度もスワイプしてページをめくりながら、お目当てのアプリを探している人は多いのではないでしょうか。以前はボクもそうでしたが、今は違います！

ホーム画面の最終ページには、インストールされたアプリが自動的に分類されて配置される「Appライブラリ」があります。たまにしか使わないアプ

1 アプリを長押ししてメニューから「ホーム画面を編集」を選ぶか、ホーム画面の空白部分を長押しします。アイコンが震え始めたら、ドック上部に並んだドットをタップします

2 ホーム画面のサムネールが並んだ「ページを編集」画面に切り替わります。ホーム画面が9ページ以上ある場合は、上下にスワイプすると表示されます

リはそこで探したほうが手っ取り早いんです。そこで、あまり使わないページは非表示にして、Appライブラリまですぐたどり着けるようにしておきましょう。出番の多い3ページ程度を残しておくと、操作が快適になりますよ。

隠したページはすぐに戻せるので大丈夫

3 非表示にしたいページの下にあるチェックマークをタップしてチェックを外し、「完了」をタップします。元に戻したいときは、同じ画面を表示してチェックを付けます

4 ページを削除したい場合は、サムネール左上の「−」をタップします。確認のメッセージを確認して「削除」をタップします。ただし、削除したページは元には戻せないので注意

035 画面と音声を同時に収録して ゲーム実況などに活用しよう

　ボクがよく使う機能のひとつがiPhoneの画面を録画する「画面収録」。でも、そのままでは音声のない動画になります。そこで、画面を動かしながら、同時に音声も録音する方法を紹介しましょう。

　画面収録を始めるには、まずコントロールセンターに「画面収録」を追加して、アイコンをタップします。その際、アイコンを長押ししてマイクをオンにすると音声も同時に録音するようになり、動画実況などに便利です！

1 「設定」アプリの「コントロールセンター」で、「コントロールを追加」リストから「画面収録」の「+」をタップして、コントロールセンターに追加します（P.78参照）

2 コントロールセンターで「画面収録」アイコンを長押しし、開いた画面でマイクボタンをタップすると音声録音がオンになります。ここでは保存先に「写真」アプリを選択します

話し声もアプリの音も同時に録音されるよ

Memo

収録した動画の不要部分は「写真」アプリでトリミング

収録した動画の不要な部分をカットしたい場合は「写真」アプリが便利。「写真」アプリで収録した動画を開いて「編集」をタップすると、画面下のフレームビューアで動画をトリミングできます。

3 録画が始まると、画面上部のダイナミックアイランド（または時計）に赤く表示されます。なお、一度マイクをオンにすると、次回以降もオンのままになるので注意

4 収録を停止するには、ダイナミックアイランド（時計）、または画面収録アイコンをタップして「停止」をタップします。収録した動画は「写真」アプリで確認できます

036 通話中に「消音」ではなく iPhoneで「保留」する方法

電話で通話中に保留したい場面、iPhoneでは「消音」ボタンをタップすることで、マイクをオフにすることができます。ただし、相手の音声は聞こえている状態で、いわゆる「保留」とは違います。

この「消音」ボタン、実は長押しすることで「保留」に切り替わるんです。これで保留音が流れ、お互いの声が聞こえなくなります。ただし、利用にはキャリアとの契約が必要なので、注意しましょう。

こんなところに隠れていたのか！

1 通話中に「消音」ボタンをタップすると「消音」モードに切り替わります。こちらのマイクがオフになり、相手には何も聞こえていない状態になります

2 「消音」ボタンを長押しすると「保留」ボタンに切り替わります。これで保留音が流れ、双方向で相手の音声が聞こえなくなります。解除するには「保留」ボタンをタップします

037 いつも使っている機能は「背面をタップ」で呼び出そう

iPhoneの操作は「画面」と「サイドボタン」だけではありません。実はiPhone本体の背面をダブルタップ、またはトリプルタップすることで、あらかじめ割り当てたアクションを実行できるんです。割り当てられるのは、カメラやSpotlightの起動、音量調節、画面の向きのロック、スクロールなどの機能のほか、ショートカット（P.164参照）にも対応しています。ちなみにボクは、コントロールセンターを簡単に呼び出せるようにしています。

ショートカットと組み合わせても便利！

1 「背面タップ」を使用するには、まず「設定」アプリの「アクセシビリティ」を開き、「タッチ」→「背面タップ」の順にタップして設定画面を表示します

2 「ダブルタップ」または「トリプルタップ」をタップして、割り当てる項目を選択します。ダブルタップとトリプルタップに、それぞれ別の機能を割り当てられます

038 「コントロールセンター」に よく使う項目を追加しよう

iPhoneの画面右上端から下方向にスワイプ（ホームボタンがある機種では画面下端から上にスワイプ）すると開く「コントロールセンター」は、みんながよく使う便利機能。わざわざ「設定」アプリを開いたり、アプリのアイコンを探してタップしなくても、すぐに操作できます。コントロールセンターは、実はカスタマイズが可能です。並び順の変更や、長押しで機能を呼び出すワザを覚えて、コントロールセンターをもっと便利に活用しましょう！

1 コントロールセンターのカスタマイズは、「設定」アプリの「コントロールセンター」で行います。まずは「コントロールセンター」をタップします

2 項目を追加するには、画面下部の「コントロールを追加」以下のリストで目的の項目の「+」をタップします。ここでは「アラーム」と「ダークモード」を追加します

よく使う機能は
必ず登録！

Memo

「長押し」すると
隠れた機能が呼び出せる

コントロールセンター内の項目を長押しすると、隠れた機能や設定を呼び出せるものがあります。左上にあるネットワーク関連のアイコングループを長押しすると、AirDropやインターネット共有が現れます。

3 追加した項目は、画面上部の「含まれているコントロール」に移動します。また、項目の右側にある3本線を上下にドラッグすることで表示の順番を変更できます

4 追加した項目「ダークモード」と「アラーム」が配置されました。よく使う機能に指が届きやすくなるように、並び順も調整しておくといいでしょう

039 片手での文字入力を もっとしやすくするワザ

iPhoneを片手で持ったまま親指を使って文字を入力するとき、指が届きにくい位置にあるキーは入力しづらいですよね。大画面のiPhoneではなおさらだと思います。そこでオススメしたいのが、キーボードを左右どちらかに寄せるワザです。利き手に寄せておけば、入力がずいぶんラクになりますよ。なお、「設定」アプリの「一般」→「キーボード」→「片手キーボード」でも設定できます。

キーボードの地球儀アイコンを長押しし、メニューの右または左寄せのキーボードアイコンを選びます。元に戻したいときは、余白の矢印をタップします

040 iPhoneのキーボードで 「Caps Lock」する方法

クレジットカードの名義など、アルファベットをすべて大文字で入力するとき、1文字ずつシフトキー（「⬆」）で大文字に切り替えるのは面倒ですよね。大文字を続けて入力したい場合は、シフトキーをダブルタップするとパソコンの「Caps Lock」をオンにした状態になります。動作しないときは、「設定」アプリの「一般」→「キーボード」で「Caps Lockの使用」がオンになっているか確認を。

英語キーボード左下のシフトキーをダブルタップします。黒い矢印の下に「Caps Lock」が有効になったことを表す横線が出てきたら、以降は大文字で連続入力できます

041 「ホームコントロール」に 場所を取られていませんか?

「コントロールセンター」は、カスタマイズすれば機能追加が可能な使用頻度の高い機能です（P.78参照）。しかし、初期状態では、中央の広い部分が「ホームコントロール」で埋まっていませんか? その結果、下に並ぶアイコンがはみ出すことも……。「ホーム」アプリは、対応家電を操作できる便利な機能ですが、使っていない人には不要なスペースです。これを消すには「設定」アプリでオフにする必要があります。

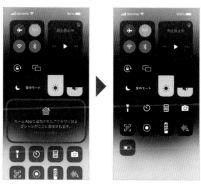

コントロールセンター中央の「ホームコントロール」は、「設定」アプリ→「コントロールセンター」で「ホームコントロールを表示」をオフにすると消せます

042 受信したメッセージの 着信時間を確認する方法

「メッセージ」アプリは、メッセージの投稿時間を確認したくても、やり取りを開始した時間しかわからない……なんて思っている人は多いのではないでしょうか。でも、実は着信時間が見えていないだけで、ちゃんと確認できるんです。メッセージの画面を左方向にドラッグすると、それぞれの投稿の右側に隠れていた着信時間がニョッキリと現れます。これは覚えておきたいテクニックです!

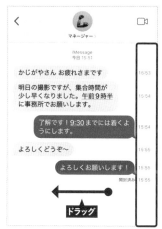

メッセージのスレッドを表示して、画面全体を左方向にドラッグすると、個々の吹き出しの右側に着信時間が表示されます。指を離すと元に戻ります

043 大切な相手はVIPに登録して メールを見落とさないように!

同じメールアドレスを長年使い続けていると、これまでに利用したことのあるオンラインショップなどからの広告や、あまり読まなくなったメールマガジン、フィルタをすり抜けた迷惑メールなどがどんどん届くようになります。そうなると、重要なメールを見落としてしまうこともあります。

そこで、仕事でやり取りする取引先や大切な友だちなど、大切な相手を「VIP」として登録しておくことをオススメします。

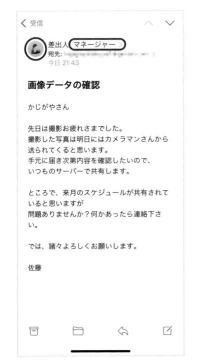

1 「メール」アプリでVIPにしたい人から届いたメールを開き、差出人の名前かアイコンをタップします。差出人の名前が青色のリンクに切り替わったら、再度タップします

2 差出人の連絡先情報が表示されたら、「VIPに追加」をタップして、「完了」をタップします。なお、VIP扱いを解除する場合は、この画面で「VIPから削除」をタップします

　VIPに登録した人からのメールは自動的に「VIP」ノォルダに入るので、日ごろからVIPフォルダをチェックしていれば、見落とさずに済みます。これでメールチェックに費やす手間と時間を一気に短縮できますよ。

Memo

VIPからのメールを
着信音で聞き分ける

VIPからのメールは、通知の表示や着信音をほかのメールと異なる設定にすることが可能です。VIPリストを表示して、その下にある「VIP通知」をタップして設定しましょう。

3 メールボックス一覧で、「VIP」をタップしてみましょう。登録済みのメールアドレスから届いたメールだけをまとめて確認できます。登録されているメールはまとめて表示されます

4 メールボックス一覧画面で「VIP」の右側にある「i」をタップするとVIPリストが表示されます。ここでVIPの追加や削除（「編集」または左方向にスワイプ）が行えます

044 両手がふさがっているときは 「Siri」に頼めば一発解決!

もうおなじみのAIアシスタント「Siri」ですが、皆さん、ちゃんと使いこなしていますか? 作業中で両手がふさがっていたり、離れた位置にiPhoneがあるときなど、「Hey, Siri!」と声をかけるだけでiPhoneを操作し てくれる便利な機能です。

Siriにお願いするときは、「Hey, Siri! ○○して!」と話しかければOK。メール作成など手間のかかる作業でも誰に送るか言えば、アドレス、件名、本文と順番に作業できますよ。

「設定」アプリの「Siriと検索」で「"Hey Siri"を聞き取る」をオンにすると、話しかけるだけでSiriが起動します。設定で、サイドボタンの長押しでも起動できるようになります

「設定」アプリの「Siriと検索」→「Siriの応答」で話した内容の表示をオンにすると、Siriとのやり取りを表示できるようになります。ここでは、わかりやすくするためにオンにします

Memo

ゆっくり話しかけてもOK

Siriにコマンドを送る際、言葉が途切れると失敗することがあります。そんなときは、Siriに待ってもらいましょう。「設定」アプリ→「アクセシビリティ」→「Siri」→「Siri待機時間」で「長め」または「最長」を選ぶと、話し終わるまでの待機時間が長くなります。

「○○さんに×××と伝えて！」
急いで連絡したい場面で話しかければ、「連絡先」上の名前でメッセージを作ってくれます。「送信しますか？」と聞かれたら「はい」で送信完了

「○○○○を□□語で」
Siriに頼めば、翻訳して流暢な発音で音読してくれます。日本語から翻訳できる言語は英語、中国語（北京語）、韓国語です

045 外国語サイトもへっちゃら！
Safariで丸ごと日本語化

　海外のWebサイトでの調べ物やショッピング、外国語が苦手だからとあきらめていませんか？　そんなとき役立つのが、Safariの翻訳機能です。元のページのレイアウトを保ったまま丸ごと日本語に翻訳してくれる上、リンク先もどんどん日本語化してくれます。英語のほか、中国語や韓国語、フランス語、ドイツ語などさまざまな言語に対応しています。言語の追加は「設定」アプリの「一般」にある「言語と地域」で行えます。

1 翻訳したいページで「ぁあ」をタップし、メニューから「日本語に翻訳」を選択します。なお、複数の言語を設定している場合は「Webサイトを翻訳 …」という表示になります

2 試しに米国アップルのサポートページを翻訳してみました。変換はすぐに行われます。このページだけでなく、リンク先も日本語に翻訳されていくのが便利ですね！

046 アプリも写真も一気に検索！「Spotlight」が超便利！

　入力したキーワードに関連するアプリやメール、Webサイト、連絡先など、iPhoneの内外を問わず広範囲に検索できる「Spotlight」機能は、iPhone生活をより快適にする便利機能です。「テキスト認識表示」によって写真の中のテキストまで検索できるスグレモノ！（P.187参照）iOS 16では、ホーム画面の下部の「検索」ボタンからすぐに呼び出せるようになり、さらに便利になりました。使ってない人は試してみましょう。

機能名で検索すれば設定項目に直接アクセスできる！

1 ホーム画面の下部にある「検索」ボタンをタップするか、ホーム画面を下方向に軽くスワイプするとSpotlightの検索エリアが表示されるので、そこにキーワードを入力しましょう

2 「ねこ」で検索すると「写真」アプリ内の猫の写真が、「Apple」で検索すると「"写真"で検出されたテキスト」として「Apple」という文字を含む写真が表示されました

047 基本の操作をマスターして写真をもっときれいに撮る

iPhoneのカメラは、何気なく撮影してもきれいな写真が撮れるようにできています。iPhone 14 Proではカメラの解像度も4800万画素に上がり、さらに高精細な写真が撮影できるようになりました。そんな優れたカメラで

すが、さらにひと手間加えれば、より雰囲気のある美しい写真が撮影可能です。オススメの基本テクニックは、明るさの調整と、AE/AFロック。AE/AFロックは花火の撮影など、待ち構えて撮る被写体にも便利です。

1 「カメラ」アプリでメインの被写体をフレームに入れて長押しすると、画面上部に「AE/AFロック」と表示されます。これでフォーカスと露出（明るさ）がロックされます

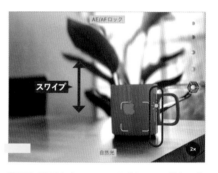

2 画面を上下にスワイプすると、黄色い枠の横の太陽のアイコンが上下に動き、明るさが調整できます。明るさを見ながら調整し、最適な明るさでシャッターを切ります

この基本操作だけでも写真がグッときれいになるよ！

3 AE/AFロックされた状態でフレーム内の構図を変えても、そのままのフォーカスと明るさが維持されます。最適な構図を探るときなどに便利です。ただし、フォーカスもロックされているので、前後に動くとピントがズレることになります。再度タップすると解除されます

048 4K撮影の前に確認を！
解像度とフレームレート

iPhone 8／8 Plus以降の機種では、4K／60fpsによる高解像度のビデオ撮影が可能です。ただ、標準の設定のままでは、1080p HD／30fpsという手軽なサイズの解像度の映像になってしまいます。

4Kで撮影したい場合は、事前に画質を確認しましょう。「カメラ」アプリを起動して「ビデオ」モードにしたら、右上 の「HD・30」などと表示されている部分をタップすると、解像度とフレームレートを切り替えられます。

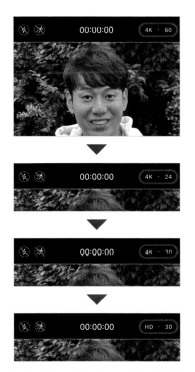

解像度が高いほどデータは重くなるよ

1 解像度とフレームレートは、「カメラ」アプリ上で変更します。撮影モードを「ビデオ」にすると、右上に数値が表示されるので、それぞれをタップしてモードを切り替えます

2 「設定」アプリの「カメラ」→「ビデオ撮影」でも変更できます。データサイズの目安も出ているので、撮影時の参考にしましょう。なお、720pの解像度はここで選択します

049 写真の撮影日時や場所は 上にスワイプして確認できる

iPhoneやデジタルカメラで撮影された写真や動画には、撮影日時や位置情報（撮影地）、カメラの機種やレンズ、撮影時の設定などの各種情報が「EXIF（イグジフまたはエグジフ）」と呼ばれるデータに記録されています。「写真」アプリで昔撮った写真を見返しているときに画面を上方向にスワイプすると、当時使っていたiPhoneの機種名がわかったり、撮影した場所を地図上でチェックしたりできるので、そのときの思い出がより鮮明に

1 「写真」アプリでEXIF情報を見るには、まず情報を見たい写真を開いておきます。次に画面下部の「i」をタップするか、画面下から上方向にスワイプします

2 写真の情報が表示されます。iPhone以外のカメラの情報も見えます。キャプションの追加や日付の変更もこの画面でできます。ここでは「位置情報を追加」をタップします

蘇ってきますよ！

　また、古いデジカメ写真に位置情報を追加したり、わかりやすいキャプションを設定したりすることで、カメラロール内の写真を検索しやすくなるというメリットもあります。

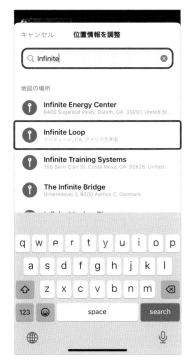

地図で撮影地を確認できます

3 　「位置情報を調整」画面が表示されたら、場所の名前や住所を入力して検索し、検索結果から目的の場所をタップして選択します。場所は「新宿区」など大まかでもOKです

4 　3の画面で選択した場所が写真の位置情報として追加され、地図が表示されます。地図の下に表示される「調整」をタップすると、場所の修正や削除が可能です

050 「写真」モードのまま動画撮影に切り替える方法

写真の撮影中に動画を撮りたくなったとき、どうしてますか？ わざわざ撮影モードを切り替えなくてもシャッターボタンを長押しすると、そこから指を離すまでの間、動画を撮影できます。そのまま動画を撮り続ける場合は、指をそのまま右方向にドラッグしてロックすると、指を離しても撮影を継続できます。また、写真モードでシャッターボタンを左にドラッグすると「バースト（連写）」撮影が可能です。iPhone XS以降で有効です。

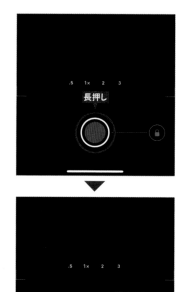

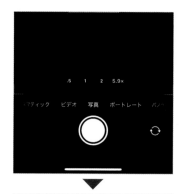

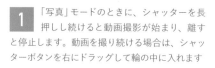

1 「写真」モードのときに、シャッターを長押しし続けると動画撮影が始まり、離すと停止します。動画を撮り続ける場合は、シャッターボタンを右にドラッグして輪の中に入れます

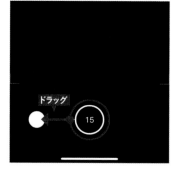

2 「写真」モードでシャッターボタンを左にドラッグすると連写が始まり、指を離すと止まります。自動でベストショットが選ばれますが、あとから好きな写真を選ぶこともできます

051 動画を撮影しながら 同時に静止画も撮影するワザ

　ビデオで撮影中、「この瞬間を写真に撮ってSNSでシェアしたい」と思ったことがある人は、これから紹介するテクニックを覚えてください！

　やり方は簡単です。「ビデオ」モードで動画撮影を開始すると、画面に白いシャッターボタンが表示されます。これをタップすると、動画とは別に写真（静止画）として保存できるんです。シャッター音が鳴らないので、静かに撮影したい場面でも役に立つワザですよ！

1 動画を撮影中、画面の隅に表示される白い円形のシャッターボタンをタップすると、ビデオと同じ画角の静止画が同時に撮影できます。シャッター音は鳴りませんが、ちゃんと撮れています

動画を撮りながら連続撮影だ！

2 ビデオ撮影中に撮影した静止画です。実際には、動画から切り出した画像に相当するため、画質は動画撮影時の解像度となります。例えば、4Kで動画撮影した 場合の解像度は3,840×2,160ピクセル（約800万画素）になります

93

052 普段の使い方を見直して バッテリーを長持ちさせよう

朝は満充電されていても、SNSなどを頻繁にチェックしているとバッテリーはどんどん消費されます。画面右上のバッテリー残量を示すアイコンが赤くなると気が気じゃなくなりますよね。バッテリーを少しでも長持ちさせるのに有効なのが「画面の輝度を下げる」ことです。必要最低限の輝度にするだけで電力消費を抑えられます。また、ロック画面中に画面を下向きに置くと画面が消えて省電力になるので、普段からクセにしておきましょう。

1 「省データモード」を利用する

データ通信量を抑える「省データモード」は、バッテリー節約にも有効です。「設定」アプリを起動し、Wi-Fiは「Wi-Fi」→右端の「i」で、モバイル通信は「モバイル通信」→「通信オプション」→「データモード」で回線ごとに設定します

2 バックグラウンド更新をオフ

アプリの中には、使っていないときも自動更新するものがあります。データ更新の必要がないアプリは、「設定」アプリの「一般」→「Appのバックグラウンド更新」で更新をオフにしておきましょう

Memo

**「低電力モード」で
ピンチを乗り切る!**

バッテリー残量がいよいよヤバくなって
きたら、「低電力モード」をオンにして節
電しましょう。「設定」アプリの「バッテリ
ー」で設定できますが、コントロールセン
ターに追加しておくとオン／オフをすば
やく切り替えられます。なお、低電力モ
ード時は、ステータスバーのバッテリー
マークが黄色になります。

3 ディスプレイの設定を見直す

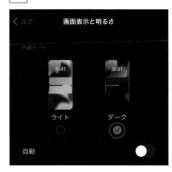

4 「バッテリー充電の最適化」をオン

「設定」アプリの「画面表示と明るさ」で、「ダーク」
モードに切り替えたり、「自動ロック」までの時間
を使い勝手が悪くならない範囲で短縮しておく
と、節電効果が期待できます

バッテリーの寿命を長持ちさせるための設定も重
要です。「設定」アプリの「バッテリー」→「バッテ
リーの状態と充電」で、「バッテリー充電の最適化」
をオンにします

053 iPhoneユーザー同士の特権!
ファイル転送は「AirDrop」で

iPhoneで撮った写真を友だちに送るには、LINEやメールで送ったり、iOS 16.1以降なら「iCloud共有写真ライブラリ」を活用するなど方法はいくつかあります。しかし、画質が落ちる、通信量を消費する、手間がかかるなど、それぞれに何か弱点があります。iPhoneユーザー同士であれば、「AirDrop」を使うのが一番手っ取り早いでしょう。

近くのiPhoneやiPadなどのアップル製デバイス間でファイルを簡単に

1 受信側のiPhoneで、コントロールセンター左上のネットワークグループを長押しして「AirDrop」アイコンをタップ、「連絡先のみ」または「すべての人」に設定しておきます

2 「写真」アプリで転送したい動画や写真を選択し、画面左下の「共有」アイコンをタップします。AirDropは「写真」のほか「ファイル」や「連絡先」など、各種アプリで利用できます

やり取りできるAirDropなら、10m程
度の範囲内であればモバイル回線を
使わずに超高速なファイル転送が可
能な上、画質が落ちることもありませ
ん。AirDropはiPhoneユーザーの特
権とも言える機能なんです！

AirDrop の手軽さを悪用し、他人に写真を
送りつける迷惑行為があります。対策とし
て、iOS 16.2 では「すべての人」からの
受信は 10 分間に限定されました。これで、
一時的に「すべての人」に変更しても、10
分たつと「連絡先のみ」に戻ります。

3　共有メニューで「AirDrop」をタップし
て、切り替わった画面で送信先のアイコン
をタップ。相手が表示されないときは、受信側の
AirDrop設定を「すべての人」に変更してみましょう

4　受信者側の画面には、データ受け入れを
確認するウィンドウが表示されます。必
ず送り主を確認してから「受け入れる」をタップ。
写真や動画は「写真」アプリに保存されます

054 iCloudをフル活用して 快適なiPhoneライフを送ろう

すべてのiPhoneユーザーは、Apple IDでログインすることで「iCloud」が使えるようになります。iCloudとは、iPhoneやiPadなどのアップル製デバイスのデータをクラウド（アップルのサーバー）上で管理できるサービスで、バックアップ用のクラウドストレージを始め、メールやメッセージのやり取り、写真、各種設定、パスワードなどのデータを、ユーザーが意識しなくても自動的に保存してくれます。そのため、機種変更時はもちろん、万が一

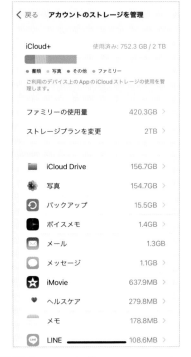

1 「設定」アプリ上部の名前→「iCloud」の順にタップすると、iCloudの利用状況が確認できます。この画面で「アカウントのストレージを管理」をタップしてみましょう

2 「ストレージを管理」画面には、ストレージの消費量が多い順にアプリが並んでいます。各アプリをタップすると、詳細確認やiCloudに保存したデータの削除などができます

iPhoneを紛失した場合でも、大切な情報をクラウドから新しいiPhoneに戻せるのです（P.54参照）。

　誰でも無料で5GB分のストレージを利用できますが、写真や動画などですぐに容量がいっぱいになってしまいます。そんなときは、有料のサブスクリプションサービス「iCloud+」にアップグレードすることで、追加容量を検討してみましょう。同時に「メールを非公開」も利用できるようになりますよ（P.136参照）。

たっぷりあるといざというときも安心！

3 手順**2**の画面で「ストレージプランを変更」をタップすると、ストレージ容量を追加する「iCloud+」へのアップグレードができます。価格は追加する容量によって異なります

4 アプリのデータが保存されるiCloud Driveへは、「ファイル」アプリからアクセスします。データにはiPadやMacからもアクセス可能で、簡単にファイル共有できます

055 時間と場所で知らせてくれる「リマインダー」利用のコツ

「リマインダー」は、やるべき作業や予定を登録しておけば通知で知らせてくれる、ウッカリさんにとってはありがたい存在。このアプリ、「日時」のほかに「場所」を条件に登録することをご存じですか？ 例えば、奥さんから買い物を頼まれたとき、最寄駅に着いたタイミングで通知を受け取るように設定することで、忘れずに買い物ができるというわけです。心配性の人は、日時と場所を組み合わせてダブルで通知を設定するのもオススメです。

1 「リマインダー」アプリで、新しいタスクを作成します。作成したタスクをタップで選択し、クイックツールバーのカレンダーアイコンに続いて「今日」をタップします

2 同じ画面で、今度は位置情報アイコン→「カスタム」をタップして場所を指定します。タスク項目の右側にある[i]マークをタップすると、通知や場所などを詳細に設定できます

リマインダーはもう手放せない存在!

Memo

指定した場所にいるのに
通知されないときは?

リマインダーで指定した場所で通知が届かない場合は、「設定」アプリの「プライバシーとセキュリティ」→「位置情報サービス」→「リマインダー」を開き、「このAppの使用中」を選びましょう。

3 画面が切り替わったら、通知させる場所を検索し、検索結果から目的の場所を選択します。地図上のタブで通知させるタイミングを「到着時」または「出発時」から選びます

4 通知する場所の範囲は、ドラッグで調整できます。なお、「到着時」はマップで指定したエリアに入ったタイミング、「出発時」は指定したエリアから出たタイミングで通知されます

AirPods使いこなし①

「パーソナライズされた 空間オーディオ」を楽しむ

　AirPods Proシリーズなどが対応する空間オーディオ、皆さん楽しんでますか？ イヤホンで聴いているのにiPhoneの画面から音が聞こえてくるような、文字どおり空間を感じさせるサウンドは驚きですね。そんな空間オーディオが、iOS 16でさらに進化しました。「パーソナライズされた空間オーディオ」は、Face ID対応機種が搭載するTrueDepthカメラを利用して左右の耳の形をスキャンし、それぞれ耳の形に応じて空間オーディオを調整してくれる機能です。

　それこそ耳の形によって個人差があると思いますが、実際に試してみると、確かに変化を感じました。もともとの空間オーディオ自体のインパクトが大きかったので目立たない機能ですが、Face IDで耳の形をスキャンするという行為に、テクノロジー好きとしてはちょっと興奮します（笑）。

AirPods Proなどの対応デバイスを接続した状態で、「設定」アプリ→対応デバイス→「パーソナライズされた空間オーディオ」で実施します。スキャンにはちょっとコツが必要です

CHAPTER 4

イチオシのワザが満載！
iPhone芸人オススメテクニック

長くiPhoneを使っている人でも
一度自分の操作方法を
見直してみてください！
ボクが大事にしている
オススメテクニックは、
iOS 16でも大活躍！
ぜひ見ていってくださいね！

こちら、たいへん
オススメのワザと
なっております。

056 「シネマティックモード」で 映画のような映像を撮影する

今やiPhoneのウリのひとつとも言える「シネマティックモード」。背景をぼかして、映画のような動画を撮影できる機能です。この機能が優れているのは、何と言っても手軽に撮影できるところ。難しいセッティングをすることなく、モードを切り替えて撮影を始めれば、被写体を自動的に認識してフォーカスを合わせ、背景を適度にぼかした雰囲気のある映像が撮影できます。2人以上の人物が映っている場合には、顔の動きなどに応じて自動的

シネマティックモードでは、人物を認識すると自動的にフォーカスが合います。別の場所をタップするとフォーカスが移動します。長押しするとその距離で「フォーカスロック」になるほか、ダブルタップすると「AFトラッキングロック」となってフレーム内に被写体が入っている限りフォーカスを合わせ続けます

被写体が動き回っても、自動でフォーカスが追い続けます。撮影前に、被写界深度や露出を調整したり、フラッシュのボタンをタップして、ライティングのオン／オフを選択することもできます

にフォーカスを移行してくれる機能も
あります。

　さらに、このフォーカスの位置やボ
ケ方は、撮影したあとからでも調整で
きるんです。手軽に撮影できるプロの
ような映像を楽しんでください!

Memo

被写界深度はあとから調整できる

被写界深度は撮影後に調整できます。編集画
面左上の「f」をタップしてスライダーを操作する
と、F値に合わせてボケ方が変化します。調整
は動画全体に反映されます。なお、画面上部の
「シネマティック」をタップすると、ボケ加工の
ない状態になります。

1 撮影後のフォーカス変更は「写真」アプリの「編集」で行います。タイムラインの下にはフォーカスが移った場面に黄色い丸印が、画面上には黄色い枠でフォーカスの場所が示されます

2 フォーカスを合わせたい場所をタップすると、フォーカスが移動して、タイムライン下に黄色い丸印が追加されます。丸印を選んでゴミ箱アイコンをタップするとフォーカスの移動が消えます

057 フルに情報を閲覧できる PC向けのWebサイトを表示!

多くのWebサイトではスマートフォン向けのデザインが用意されています。小さい画面でも見やすいように表示が工夫されているもので、iPhoneのSafariで表示されるWebサイトも、ほとんどがそうなっています。

しかしこの表示、見やすいのはいいのですが、PC向けのWebサイトに比べ、情報や機能に制限がある場合があります。情報をフルに閲覧したい、または機能をすべて使いたいという人は、アドレスバーの左端にある「ぁ

1 標準状態で、SafariでWebサイトを開きました。小さい画面でも見やすい、スマートフォン向けの表示となっています。ここで、アドレスバーの左端にある「ぁあ」をタップします

2 メニューが表示されるので、「デスクトップ用Webサイトを表示」を選択しましょう。なお、Webサイトの文字サイズの拡大・縮小も、このメニューから可能です

「あ」ボタンをタップすると表示される
メニューで、「デスクトップ用Webサ
イトを表示」を選択しましょう。これ
でiPhoneでも、PCと同じデザインで
Webサイトが表示されます。なお元
の表示に戻すのも簡単です。

Memo

**常にPC用の表示にしたい
Webサイトがあるなら**

常にPC用の表示にしたい場合は、メニ
ューから「Webサイトの設定」を選び、「デ
スクトップ用Webサイトを表示」をオン
にします。すると表示中のサイトだけが、
常にPC用で表示されるようになります。

拡大しながら閲覧すると便利!

3 ページが再度読み込まれ、PC向けの表示
に切り替わりました。文字などが小さく
なり、情報量が多くなっています。表示が小さく
感じるときは、拡大しながら閲覧しましょう

4 スマートフォン向けの表示に戻したいと
きは同じメニューから「モバイル用Web
サイトを表示」を選択します。タブを閉じて、履
歴などから開き直しても元にも戻ります

058 縦長のWebページは PDFで保存してじっくり閲覧

Webを閲覧していたら、興味深い情報を発見！ そんな場面でメモ代わりにスクリーンショットを撮る人は多いですよね。ただし、スマホ用のWebページは縦にものすごく長いものが多く、とても1枚には収まりません。そんなときはWebページを丸ごとPDFで保存しましょう。

スクリーンショットを撮ったら、左下のサムネールをタップします。すると画像の編集画面が表示され、同時に「スクリーン」と「フルページ」とい

1 Webページでスクリーンショットを撮ったら、表示される左下のサムネールをタップします。なお、サムネールは時間がたつと消えるので、すばやく操作しましょう

2 画像の編集画面が開きます。上部に「スクリーン」と「フルページ」というタブが表示されるので「フルページ」を選び、続けて「完了」をタップします

うタブも現れます。ここで「フルページ」→「保存」をタップし、メニューから「PDFを"ファイル"に保存」を選びましょう。保存したPDFはオフラインでも見ることができるので、じっくりと情報をチェックできます。

スクリーンショットに手書きメモを書く

Memo

画像の編集画面の下部にあるペンなどのツールを使えば、手書きで線や文字などを書き込むことができます。線の色や太さも変更可能。友人と情報を共有するときなどに便利です。

保存して、あとでゆっくり見よう！

3 左上にメニューが表示されるので、「PDFを"ファイル"に保存」を選択します。これで、縦に長いフルページのPDFが「ファイル」アプリに保存されます

4 保存されたWebページです。とんでもなく長いですね（分割して掲載してます）。PDFなので、拡大／縮小も可能。オフラインで、じっくり閲覧することができます

059 意外に知らない Webページ内を検索する方法

調べたいキーワードをSafariでWeb検索して、該当するページが開きました。では、そのページ内にあるキーワードを検索したいときには、どうすればいいのでしょうか？　いまだによく聞かれる質問です。

ページが開いている状態で、検索窓にキーワードを入力。次に、開いた画面の下のほうにある「このページ」の部分にある「"○○"を検索」をタップしましょう。Webページ内のキーワードを、ハイライト表示してくれます。

1 ページを開いた状態で検索窓にキーワードを入力。開いた画面の下のほうにある「"○○"を検索」をタップします。なお、共有メニューの「ページを検索」でも同じことが可能です

2 ページ内にあるキーワード（図の場合はiPhone）がハイライト表示されました。ページに複数ある場合は、矢印キーで移動できます。また、キーワードの再編集も可能です

060 アドレスバーは上がいい！ という人は変更しよう

Safariのアドレスバーは、iOS 15より画面下部のタブバーに表示されるようになりました。もう慣れた、あるいは下にあるほうが更新ボタンなどが押しやすいという人が多いと思います。でも、以前のように上にあるほうが見やすいという人もいるかもしれません。

実はアドレスバーは、iOS 14までのように、画面上部の位置に変更することができるんです。標準の画面下部の位置がしっくりこないという人は、変更してみましょう。

これでアドレスが上に表示されます

1 Safariの画面で、アドレスバー左の「ぁあ」をタップします。するとメニューが開くので、「上のアドレスバーを表示」を選択します。下に戻す操作も、このメニューから行います

2 位置の変更は、「設定」アプリの「Safari」からでも可能です。「タブバー」が下の位置、「シングルタブ」が上の位置です。項目が見当たらない場合は、スクロールしてみましょう

061 大切なメールの整理は
✉ フラグとフィルタを活用!

　約束の時間や場所など、忘れてはいけないメールってありますよね。ボクの場合は仕事関連でもプライベートのものでも、そういったメールには「フラグ（旗）」を付けて整理するようにしています。

　そして、合わせて利用するのが「フィルタ」機能。フラグ付きのメールだけを表示することが、簡単に実現できます。この2つの機能を使いこなせば、大切なメールをうっかり忘れるといったことをスマートに防げます!

1 フラグを付けるにはメールを左にスワイプし、メニューから「フラグ」を選択します。またはメールを開いた状態で右下の矢印をタップし、「フラグ」を選んでもOKです

2 左下の3本線のアイコンをタップすると、「フィルタ」機能がオンになります。「適用中のフィルタ」をタップするとフィルタの設定画面が開き、種類を変更できます（P.186参照）

062 「Apple Pay」で利用する メインのカードを決めておく

もはや現金を使うこともほとんどなくなり、iPhoneでの支払いがメインになりました。サイドボタンを2度押してApple Payを起動。あとは端末でピッと支払えばOKです。

でもそのとき、複数のカードを登録していて毎回使いたいカード以外のカードが現れ、いちいち切り替えている人はいませんか？「ウォレット」アプリで使いたいカードをメインカードとしてセットしておけば、次回からスムーズに支払い可能です。

iPhone での支払いはスマートにね！

1 「ウォレット」アプリを起動します。登録カードやチケットが表示されますが、一番手前に見えるのがメインカードです。別のカードに変更する場合は、ドラッグして入れ替えます

2 「"○○○○"がメインカードになりました」とウィンドウが開くので「OK」をタップします。「設定」アプリの「ウォレットとApple Pay」→「メインカード」でも変更できます

063 既読を付けずにLINEを見る 4つの定番テクニックを紹介！

「既読を付けずにLINEを見る方法」。その最新版をお届けします。一長一短なので、よく理解しておきましょう。**1**通知でチェック：ロック画面や通知センターでプレビューを確認します。「設定」アプリで「通知」→「LINE」→「プレビューを表示」→「ロックされていない時（デフォルト）」に。さらに「LINE」アプリの「設定」→「通知」→「メッセージ内容を表示」をオン。通知の長押しで確認できます。ただし、とても長いメッセージは途中で切れてしまいます。**2**横向きで確認：トークの一覧の画面でiPhoneを横向きにすると、表示量が少し増えます。手軽で安全ですが、直近のメッセージの一部のみ。**3**一覧で長押し：トークの一覧で長押しすると、プレビュー画面が開きますが、スクロールはできません。また、誤って再度指が触れると既読になるので、注意が必要ですよ。**4**機内モードで閲覧：機内モードで閲覧後、新規で届いたメッセージをすべて削除し、マルチタスキング画面でアプリを強制終了します。メッセージが届くたびにこれを繰り返せば、既読は付きません。ただし、一度既読を付けるとすべて既読になります。メッセージを削除し忘れると、次回のアプリ起動時に既読になります。

1 通知でプレビュー表示するようにしておけば、長押しで通知に出ているメッセージを個別に確認できます。「サムネイル表示」オンでスタンプもチェック可能。ただし、とても長いメッセージの場合、スクロールできないので途中で切れてしまいます

2 トーク一覧の画面で確認。画面の縦向きロックをオフにしてiPhoneを横向きにすると、表示される文字数が少し増えます。手軽で失敗がありませんが、直近のメッセージの一部しか見えません

3 トークの一覧で長押しをすると、プレビューが表示されます。スタンプも確認できますが、スクロールできないため、未読が多いと直近のメッセージが見られません。再度タップで既読が付くので注意！

LINEのやり取りは楽しくね！

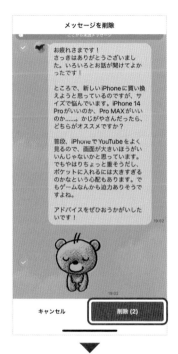

4 アプリを起動したあと機内モードにすれば、すべて閲覧できます。確認後、新規で届いたメッセージは全部削除してアプリを強制終了すること。ただ、そのあとこちらがメッセージを送って前のメッセージに既読が付かないので、相手は不審に思うかもしれません（笑）。一度でも既読を付けると、全部に既読が付きます。なお、ほかの友だちとやり取りしても既読は付きません

064 LINEでブロックされたかも？ コッソリ確認してみよう

いつまでたっても既読が付かない、もしかして、ブロックされたのかも……。そんな悩みに応えるため、こっそり確かめる方法を伝授します。

方法は簡単で、相手が持っていなさそうなLINEスタンプを「LINE」アプリ上でプレゼントできるか確認するだけ。「このスタンプを持っているためプレゼントできません」というメッセージが出たら、ブロックされている可能性があります。「着せかえ」で試しても同じなら、ほぼ確定ですね。

1 「LINE」アプリの「スタンプ」または「着せかえ」で、相手が持ってなさそうなアイテムを選んで「プレゼントする」をタップ。確認画面に進めば問題なしで、購入の必要はありません

2 友だちを選び「OK」をタップして「○○○はこのスタンプを持っているためプレゼントできません」と表示されたら、ブロックの可能性アリ。なお、確認したことは相手にはわかりません

065 行ってみたい世界の街を空から観光する「Flyover」

ルート検索などが便利な「マップ」アプリですが、自宅にいながら海外旅行気分が味わえる「Flyover」もオススメの機能です。世界中の有名都市の上空を、遊覧飛行できちゃいます。対応している都市名やランドマークを選択すると表示される「Flyover」をタップしてみましょう。視点が3Dマップの上空に移動します。そのままドラッグして空中を移動できるほか、「ツアーを開始」を選択することで自動で見どころなどを飛び回るツアーも楽しめます。

本日はニューヨークを遊覧飛行!

自由の女神

1 対応する都市名などを選択すると出てくる「Flyover」をタップすればOK。ドラッグしたり2本指で回転させたりして移動できます。なお、日本の都市もいくつか対応しています

2 Flyoverの画面で「ツアーを開始」をタップすると、上空を飛び回る観光ツアーが開始されます。ランドマークがある場所では、その名称なども表示されます

不思議なサウンドで
心が落ち着き集中力もアップ

　周りの雑音などが気になり、仕事や勉強に集中できない、あるいは落ち着かない……。そんなときに利用したいiPhoneの機能が「バックグラウンドサウンド」です。ホワイトノイズなどのほか、「海」や「雨」といった音が用意さ

れており、聞いていると集中力がアップします。実際に試してみると、音楽より効果が高いことがわかるはずです。オフライン環境で利用できるので、通信量を気にしなくてOK。リラックスタイムにもオススメです。

これは本当に集中できる！

1 「設定」アプリの「アクセシビリティ」→「オーディオ/ビジュアル」→「バックグラウンドサウンド」でサウンドを選べるほか、ロック中に停止するかどうかを選択できます

2 「バックグラウンドサウンド」のオン／オフは「コントロールセンター」の耳の形のアイコンで可能です。サウンドの種類の変更や音量の調節も行えます

067 英語が苦手でも大丈夫! iPhoneが翻訳してくれます

　Webサイトやメールなどで表示されている英語がわからない! そんなときはテキストを範囲指定して、iPhoneに翻訳してもらいましょう。英語のほかフランス語や中国語など、さまざまな言語に対応しており、日本語から外国語への翻訳も可能です。

　また、この機能は「テキスト認識表示」でも利用できるので、文字列にカメラを向けて範囲指定することでも翻訳できます。看板やメニューなどの翻訳も可能というわけです。

1 テキストを範囲指定し、メニューから「翻訳」を選びます。「翻訳」が見つからない場合は、左右に移動してみましょう。この機能は、テキストを扱うアプリであれば利用できます

2 指定した範囲が翻訳されました。ここでは翻訳文のコピーや言語の変更も可能。また、文章を読み上げたり、そのまま「翻訳」アプリ(P.201参照)で開くこともできます

068 iPhoneでも参加可能！
📹 「FaceTime」でリモート会議

今やすっかり当たり前となった、パソコンを使ってのリモート会議。アップルのビデオ／音声通話用ツールである「FaceTime」にもさまざまな機能が用意されていて、iPhoneでのリモート会議でも活躍してくれます。

まず、環境を選ばない点は重要です。iPhone、iPad、Macなどのアップル製デバイスはもちろん、Android端末やWindows PCでも、Webブラウザを使うことでFaceTimeのやり取りに参加できます。そして、画面

カメラの映像もとってもきれいです！

共有された画面

1 「FaceTime」アプリで通話中に画面をタップして、画面上部にコントロールのボタンを表示させます。右から2番目のボタンをタップして、メニューから「画面を共有」を選びます

2 カウントダウンのあと、iPhoneの画面が共有されます。アプリを起動したり、資料となるファイルを開いて表示することも可能です。もう一度共有ボタンをタップすると終了します

※画面共有は、WebブラウザでのFaceTimeでは利用できません。

を共有する機能が便利です。自分の
iPhoneの画面を共有できるので、各
種アプリや資料を映しながらコミュニ
ケーションができます。ほかにも背景
ボケや、話者の強調など、リモート会
議用の機能が充実していますよ。

通話中にコントロールセンターを開くと
「マイクモード」を選択できます。「声を分
離」は周囲の人の声や雑音を抑えて自分
の声が伝わりやすくなり、「ワイドスペクト
ル」は逆に周辺の音や声を拾うモードで
す。状況に合わせて使い分けましょう。

3 画面を共有された側は参加ボタンをタッ
プすることで、共有画面を表示できます。
画面を全体表示したり、相手のビデオ通話の画面
を移動したり、隠したりすることもできます

アップル製品以外のAndroidスマホやWindows
PCでも、Webブラウザ経由で通話できます。
FaceTime開始時に「リンクを作成」をタップして、
メールやメッセージでリンクを送ります

069 「SharePlay」を使って 動画や音楽をみんなで楽しむ

　リモートワークなどの仕事でも活躍してくれるFaceTimeですが（P.120参照）、映画や音楽を一緒に楽しむための「SharePlay」という機能も用意されています。最大32人まで一緒に作品をワイワイ楽しめます。方法は簡単で、FaceTimeの通話中に対応アプリを起動して、コンテンツを再生すればOKです。

　Apple TV＋やApple Musicはもちろん、Disney＋やhulu、TikTokなども対応しています。

1 通話中に「画面を共有」ボタンをタップすると、SharePlayに対応したアプリのアイコンが表示されるので選びます。通話中に、対応アプリを直接起動してもOKです

2 対象となるアプリが起動するので、一緒に観るコンテンツを再生します。対応していないコンテンツもあるので注意しましょう。共有先では、「参加」を選ぶと再生が始まります

※画面共有は、WebブラウザでのFaceTimeでは利用できません。

Memo

対応アプリのほうから
SharePlayに誘う

作品を見つけてからSharePlayに誘うこともできます。Disney+などの対応アプリでコンテンツの詳細を開いて共有アイコンをタップすると、「SharePlay」ボタンが表示されます。あとは相手を選んでFaceTimeボタンを押せば相手に依頼が届きます。

お互いに視聴可能な動画サービスで楽しもう！

3 会話や相手の表情を楽しみながら、映画や音楽を楽しみましょう。さまざまなサービスが対応していますが、同じサービスが視聴できる状態であることが条件です

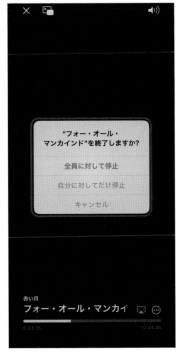

4 「画面を共有」から「SharePlayを終了」をタップするとウィンドウが開き、全員停止するか自分だけかを選択します。終了しても、FaceTimeはそのまま継続されます

123

070 ナイトスコープとして大活躍！
📷 カメラの「ナイトモード」

iPhoneのカメラが備える「ナイトモード」。明るさが足りないところで自動的に切り替わり、被写体を明るく撮影できる機能です（iPhone 11以降で搭載）。このナイトモード、性能は非常に高く、カメラのプレビューを利用すればナイトスコープ（暗視鏡）のように利用できます。方法は簡単、カメラを起動して暗闇に向けるだけ。ライトを付けられない場所で、探し物をしたり、足元の状況を確認するといった用途に使えます。

真っ暗なところでもちゃんと見える！

1 暗いところでカメラを起動すると「ナイトモード」に切り替わります。図は比較のため左上のナイトモードのアイコンをタップして、機能をオフにしたところ。真っ暗ですね

2 「ナイトモード」をオンにすると、テーブルの上のカギが見えました。起動しない場合は画面上部の矢印をタップし、シャッターボタン上のナイトモードのアイコンをタップします

071 テキストが読みづらいなら 太さや大きさを変更しよう

　iPhoneの画面の文字は、太さや大きさを一括で変更できます。普段から文字が小さくて読みづらいと感じていたら、試す価値アリです。変更は「設定」アプリの「画面表示と明るさ」で行います。ただし、大きさだけなら、コントロールセンターに「テキストサイズ」を追加することで、より手軽に変更できるようになります。

　なお、アプリごとにサイズを設定したい場合は、「アクセシビリティ」の「Appごとの設定」で行えます。

1 「設定」アプリの「画面表示と明るさ」を開き、「文字を太くする」をオン。すると文字が図のように太くなります。再起動などの操作は必要ありません

2 「画面表示と明るさ」で「テキストサイズを変更」を選択すると、文字の大きさの変更画面が開きます。上部のサンプルを見ながら下部のスライダーで変更しましょう

072 書類などスキャンするなら 「ファイル」アプリがオススメ

　紙の印刷物をスキャンするとき、「カメラ」アプリで撮影する人が多いと思いますが、実は「ファイル」アプリのほうが圧倒的に便利です。斜めの被写体も自動的に補正してくれ、白黒でのスキャンにも対応。手間がかからず読みやすい画像に仕上がります。なお、ファイルはPDFで保存されます。

　「ファイル」アプリを開いたら右上のメニューをタップし、メニューから「書類をスキャン」を選びます。するとカメラが起動して、被写体を自動的に認

1　「ファイル」アプリ右上のメニューアイコンをタップ。「書類をスキャン」を選びます。うまくスキャンするコツは、なるべく邪魔なものがないところに被写体を置くことです

2　書類が自動的に認識され、青いフレームが表示されます。多少斜めでも問題なしです。なお図は「手動」モードですが、タップすることで「自動」モードに変更できます

識します。あとはシャッターボタンを
タップすればOK。必要に応じて、範
囲を調整することもできます。なお、
「自動」モードでは自動的にシャッター
が切れるので、スキャンする書類が多
いときなどに利用するといいでしょう。

Memo

「メモ」アプリでもスキャンは可能

書類などのスキャンは、「メモ」アプリの
カメラアイコンからでも可能です。操作
はほぼ同様ですが、「メモ」アプリの場合
は、そのままメモに貼り付けられます。

3 「手動」モードでは、撮影後に範囲の微調
整が行えます。必要に応じて四隅の丸を
ドラッグして調整し、OKなら「スキャンを保持」を、
もう一度撮影したいなら「再撮影」をタップします

4 左下のサムネールをタップして確認し、
必要があればトリミングなどを調整しま
す。「完了」をタップすると撮影画面に戻るので、
右下の「保存」をタップして保存します

073 容量不足の解消には
「iPhoneストレージ」が近道

　iPhoneを使っていると、どうしても空き容量が不足してきます。きちんと整理すればいいのですが、どこから手を付ければいいのか、わかりません！ そんなときはまず、「設定」アプリの「一般」にある「iPhoneストレージ」を開いてみましょう。これは、ストレージの状況を可視化し、削除すべきデータを提案してくれる機能です。アプリの一覧をサイズ順に見ることもできるので、どのアプリがストレージを圧迫しているのかもわかります。

使わないアプリは削除だ！

1 「設定」アプリの「一般」→「iPhoneストレージ」を開くと、ストレージの状況や容量を減らす提案が表示されます。ここでは「非使用のAppを取り除く」という提案が表示されました

2 サイズ順にアプリが表示され、前回使った日時も確認できます。容量が大きくあまり使っていないアプリは、ここで取り除くか、削除することができます（P.196参照）

074 ドラッグ&ドロップで 画像ファイルをメールに添付

パソコンでは当たり前のファイルのドラッグ&ドロップ。実はiPhoneでもできるんです。例えば写真をメールに添付する際、写真を長押ししてドラッグ。そのまま指を離さず、インジケーターバーを上にフリックしホーム画面に移動し、「メール」アプリをタップします。続けて新規メッセージを開いて指を離せば、ファイルをメールに添付できます。メニューではわかりにくい操作も直感的に行える上、慣れたらスイスイ操作できます。

1 写真をドラッグしてインジケーターバーを上にフリック、ホーム画面で「メール」アプリを起動します。「ファイル」アプリや「LINE」アプリなどでも、同様の操作は可能です

2 指を離さずに新規メッセージを開き、写真の右上に緑の「+」マークが表示されたら指を離します。これで写真が添付されました。コツをつかめばスムーズに操作できますよ

075 100万枚の写真が保存可能！
無料で作れる「共有アルバム」

iPhoneの「写真」アプリの「アルバム」では、友人や家族に公開してコメントをもらったり、自由に写真を追加できる「共有アルバム」を作成することが可能です。イベントや旅行の写真をシェアするのに便利な機能です。

この共有アルバム、保存できる量が膨大であることもポイントなんです。作成できるアルバムは最大200で、それぞれ最大5,000件もの写真や動画が保存できます。つまり5,000件×200アルバムで最大100万件のデー

旅行写真の配布などにも便利ですよ！

1 最初に「設定」アプリの「写真」で「共有アルバム」をオンにします。次に「写真」アプリの「アルバム」で「＋」をタップし、「新規共有アルバム」を選択します

2 アルバムのタイトルを入力して「次へ」をタップ。「宛先」に参加してもらいたい人の電話番号やアドレスを入力し、「作成」をタップします。宛先は「連絡先」からも選べます

タを保存可能というわけです！ しかも、iCloudストレージの消費量にはカウントされないので、実質無料です。

　ちなみに投稿できるのは、 1時間当たり1,000件まで、 1日当たり10,000件までとなっていますが、数が多いので、制限というほどではないですね。

　なお、保存した写真は長辺が2,048ピクセルに縮小されるので、オリジナルのデータは別途保存しておきましょう。また動画の場合は最長15分、画質は最大720pとなります。

3 アルバムができたら、追加したい写真や動画を選んで投稿していきます。なお、参加者や写真はあとからでも追加が可能で、参加者が写真を追加することもできます

4 アルバムには、参加者がコメントを投稿したり「いいね！」をすることができます。最大100人が参加できるので、いろいろな用途で活用できそうです。写真の配布にも便利ですよ

076 写真のサムネールを変えて 写真を見つけやすくする

　写真を探すとき、昔の写真などを何度もスクロールして探すのは大変です。そんなときは、写真のサムネール表示でピンチインしましょう。すると、横に3列だった表示がどんどん小さくなって、表示数が増えます。中身は見えづらくなりますが、スクロール回数が減ります。また、メニューから「アスペクト比グリッド」を選択すると、サムネールが正方形から本来の縦横比に変わります。写真全体が表示されるので、見つけやすくなりますよ。

1 サムネール表示の状態でピンチインしてみましょう。すると写真が縮小され、画面に表示される数が多くなります。右上の「…」から「縮小」を選んでも小さくできます

2 「…」からメニューを開いて「アスペクト比グリッド」を選ぶと、写真が本来の縦横比で表示されます。このメニューからは、「お気に入り」の写真などのフィルタリングも可能です

077 横にすると関数電卓に！
「計算機」の隠れた才能

実はお世話になることが多い「計算機」アプリ。一見するとシンプルなインターフェースですが、そのままiPhoneを横にしてみましょう。すると、あっという間に高度な関数電卓に変身するんです。横向きになっただけでなく、メモリーや三角関数などの見慣れないキーが増えていることに気付くと思います。これは理系の学生や、ボクのような税理士には、とても便利な機能なんです。横にするとケタ数が増えるというのもメリットですね。

「計算機」アプリを表示した状態でiPhoneを横向きにすると、キーの種類が多い関数電卓になります。同時に、表示されるケタ数も増えますね。なお、この機能を使うには、コントロールセンターで「画面縦向きのロック」をオフにしておく必要があります

Memo

実は計算機はコピペにも対応してます！

表示された数字を長押しすると、「コピー」「ペースト」などのメニューが表示され、コピー＆ペーストが可能です。なお、入力した数字は、横にスワイプすると1文字ずつ消します。

計算機大好き！

AirPods使いこなし②

1台のiPhoneの音楽を
2人のAirPodsで楽しむ

　iPhoneユーザーでAirPodsを使っている人はけっこういると思いますが、「オーディオ共有」を試した人は、まだ少ないのではないでしょうか。オーディオ共有とは、1台のiPhoneで2セットのAirPodsを同時に使う機能です。誰かと一緒に音楽を聴いたり、動画を楽しんだりすることができます。AirPods以外に、Beatsの対応機種でも利用できます。AirPodsユーザー2人でスマートにコンテンツを楽しめるので、もっと利用者が増えてもいい機能ですね。

　また、使っている人は少ないAirPodsの機能として、ほかにも「ライブリスニング」があります。これは、iPhoneのマイクで拾った音をAirPodsで聴くという聴覚をサポートする機能ですが、テレビの近くにiPhoneを置いてキッチンで料理をしながら音声を聞くといった使い方もできます。

オーディオ共有は、音楽などを再生中に「AirPlay」ボタン→「オーディオを共有」をタップし、別のAirPodsのケースのフタを近くで開くと接続できます

CHAPTER 5

iOS 16の防御力で攻撃を防ぐ！
iPhone防御・防衛テクニック

連絡手段であり、買い物ツールであり、
身分証明でもある。
そんな大切なiPhoneだから、
しっかり守ってあげましょう。
新登場の「パスキー」にも注目です！
みんなのiPhoneは、オレが守る！

ここはオレが
食い止める！

078 「メールを非公開」で 本物のアドレスを隠す方法

iPhoneを使っていると、アプリやWebサービスでメールアドレスを登録する場面は少なくありません。利用するサービスによっては、自分のアドレスを共有するのは気が進まないこともありますよね。以前は、ボクはそんなときに使う専用のアドレスを作っていました。そんな煩わしさを解決するのが、有料プランiCloud＋の「メールを非公開」。この機能は、ランダムなアドレスを生成し、そのアドレス宛のメールを転送しくれるので、自分のア

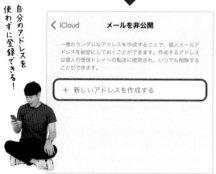

自分のアドレスを使わずに登録できる！

1 「メールを非公開」用アドレスの作成方法は2つあります。ひとつは、「設定」アプリの名前→「iCloud」→「メールを非公開」をタップして「新しいアドレスを作成する」をタップします

2 「○○○○@icloud.com」というアドレスが自動生成されます。「続ける」をタップしてラベルを付けて保存します。作り直したい場合は「別のアドレスを使用する」をタップします

ドレスを登録する必要がありません。

　同様の機能は「Appleでサインイン」にも組み込まれていますが、「メールを非公開」で生成したアドレスは、Appleでサインインに非対応のサービスでも使用できます。

Memo

アドレスの管理

生成したアドレスは、「Appleでサインイン」で生成されたアドレスと併せてiCloudの「メールを非公開」で管理します。サービスごとのアドレスの確認や削除、転送先の編集などができます。

3 もうひとつの方法は、アカウント作成画面でメールアドレスの入力欄をタップして、キーボード上に表示される「メールを非公開」をタップします

4 ウィンドウが開いて、「○○○○@icloud.com」のアドレスが生成されます。リロードアイコンで作り直しも可能。「続ける」をタップし、続けて「使用」をタップします

079 送信者の追跡を断つ！
📧「メールプライバシー保護」機能

　メールの中には、受信者がメールに関してどのような操作を行ったか（アクティビティ）を送信者が追跡できるケースがあります。「メール」アプリには、こうした追跡を防ぐ「メールプライバシー保護」機能が備わっています。

　例えば、メルマガの送信者が収集していた「受信者がいつメールを開いたか」といった情報は、この機能をオンにすることで伝わらなくなります。なおこの機能は、標準でオンになっているので安心ですね！

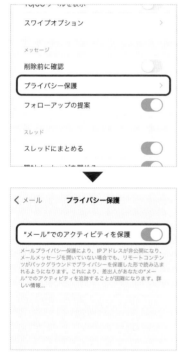

知らないところで守ってくれてる！

1 「メールプライバシー保護」機能は標準でオンになっていますが、「設定」アプリの「メール」→「プライバシー保護」で機能の詳細が確認できます

2 「メールプライバシー保護」をオフにすると、「IPアドレスを非公開」「リモートコンテンツをすべてブロック」をそれぞれ機能ごとにオン／オフ設定できます

080 ポケットの中に入れたまま 緊急電話を発信する方法

もしもに備えて緊急電話のかけ方を覚えておきましょう。iPhone 8以降では、サイドボタンと上下どちらかの音量調節ボタンを同時に押し続けると、「緊急電話」の画面を表示します。「緊急電話」スライダーをスワイプする余裕もないときは、そのままボタンを押し続けます。すると、カウントダウンが始まって警告音が鳴り、日本の場合はその後に「警察」「海上保安庁」「火事、救急車、救助」の選択肢が出てくるので該当するものをタップします。

1 サイドボタンといずれかの音量ボタンを押し続け(iPhone 7以前は電源ボタンを5回押し)、「緊急電話」スライダーが表示されたら指を離してスライダーをスワイプします。日本では、次の画面で発信先を選択して発信します

2 iPhone 8以降では、自動通報が設定できます。「設定」アプリの「緊急SOS」で、「長押しして通報」をオンにします。誤操作で警告音が鳴ってしまった場合は、カウントダウンしている間にボタンから指を離します

081 録音や録画を開始したあと
停止し忘れを防ぐ方法

ミーティングの内容を録音したまま停止ボタンを押し忘れ、ポケットの中で録音し続けるのは避けたいですよね。また、動画収録を忘れる人は少ないと思いますが、意外と忘れがちなのが画面収録です。iPhoneでは、マイクやカメラの使用中に、画面上部のインジケーターが点灯します。この部分を注意して見るようにすれば、録音や録画の止め忘れ防止になるだけでなく、アプリが勝手にマイクやカメラを使用するのを見破ることもできます。

1 カメラが起動すると緑色、マイクはオレンジ色のインジケーターがそれぞれ点灯します。また、画面収録中は左側に赤いランプが点灯します。この部分を注意して見てみましょう

2 インジケーターが点灯中にコントロールセンターを開くと、どのアプリによるものか確認できます。またiPhone 14 Proのダイナミックアイランドでは、録音の停止も可能です

082 大切な人にアカウントを託す「デジタル遺産プログラム」

　もはや生活の中心にあるiPhone、自分に何かあったとき、そのアカウントをどう管理するべきか考えておくことは、極めて重要です。実はiPhoneには、Apple IDにひも付いたデジタル遺産の相続者を指定して、亡くなった

あとに一部の情報を共有する「デジタル遺産プログラム」が用意されています。iCloud写真や連絡先、カレンダー、通話履歴、iCloudバックアップなどが引き継がれます。なお、アプリ内課金などにはアクセスできません。

1 「設定」アプリ上部の名前をタップ→「パスワードとセキュリティ」→「故人アカウント管理連絡先」で相続してもらいたい連絡先を選んで、アクセスキーを共有します。メールやメッセージで送信、またはプリントを選択できます

2 登録された人の元にはアクセスキーが届きます。故人の死亡証明書を準備した上で、故人のアカウントにアクセスする権利のリクエストを申請し、申請が認められるとデータにアクセスできるようになります

083

これ以上覚えるのは無理！
パスワードはiPhoneで管理

SNSやWebサービスにいくつも登録していると、あっという間にIDやパスワードが増えちゃいますよね。正直、全部を覚えるのは無理な話です。もう、パスワードの管理は「iCloudキーチェーン」に任せてしまいましょう。

この機能をオンにすると、iPhoneで入力したログイン情報をiCloudで管理できます。iCloudを使うところがポイントで、iPhoneだけでなくiPadやMacなど、同じApple IDでログインしているデバイス間で、パスワードが

1 「設定」アプリ上部の名前をタップし、「iCloud」→「パスワードとキーチェーン」を選択。iCloudパスワードとキーチェーンの画面で「このiPhoneを同期」をオンにします

2 ここでは例として、SafariでInstagramのアカウントを作成、または既存のアカウント情報を入力します。すると、iCloudキーチェーンへの保存を聞かれるので、保存しましょう

共有できるんです。

　似た機能にSafariの「自動入力」があります。クラウドには非対応ですが、設定しておけば住所や電話番号など自分の連絡先やクレジットカード情報も自動入力できるようになります。

Memo

保存したパスワードを確認するには

保存したパスワードは、「設定」アプリの「パスワード」で確認できます。内容の確認には、Face IDやiPhoneのログインパスコードによる認証が必要となります。

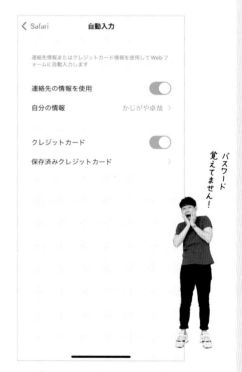

パスワード覚えてません!

3 Instagramのアプリを起動し、ログイン画面でIDやパスワードの入力エリアをタップ。画面下部に表示されたIDの候補をタップしてFace IDなどで認証するとログインできます

Safariの「自動入力」は、「設定」アプリの「Safari」→「自動入力」で自動入力させたい項目をオンにします。以降は、入力フォームなどに対応する情報が自動で入力されるようになります

084

簡単・安全なサインイン「パスキー」の時代がやってくる?!

iOS 16の新機能の目玉のひとつが「パスキー」です。これは、対応するアプリやWebサービスに、Face IDやTouch IDを用いて簡単で安全にサインインする仕組みで、パスワードを設定する必要がありません。技術的な話は省略しますが、強力な暗号化技術を使い、デバイスとアプリやWebサービス間をやり取りします。パスキーは、アップル独自の技術ではなく、Googleやマイクロソフトも開発を進めている業界標準なので、今後パスワードに

1 パスキー対応のアプリやWebサービスでアカウントの作成時に「Appleで続ける」を選択します。パスキーの保存を尋ねられたら「続ける」をタップしてFace IDやTouch IDで認証すれば登録完了です

2 すでにパスワードで登録済みのアカウントがある場合は、サービス側のアカウント設定で、パスキーへの切り替えが可能です。「KAYAK」アプリの場合は、「設定」→「アカウント」で切り替えます

取って代わるかもしれません。

　そんなスゴいパスキーですが、残念ながら本稿執筆時点で対応アプリはごくわずか。ここでは、いち早く対応したアプリのひとつ「KAYAK」を例に、パスキーの使い方を紹介します。

Memo

ほかのデバイスに転送も可能

作成したパスキーは、iCloudキーチェーンで管理されるため、同じApple IDでサインインしたデバイス間で共有できます。さらに、自分のApple IDとひも付いていないデバイスにパスキーを転送してサインインすることも可能です。

3 パスキーでサインインします。■の要領でサインイン画面の「Appleで続ける」をタップし、パスキーでサインインするか尋ねられたら「続ける」をタップします。Face IDやTouch IDで認証するとサインイン完了です

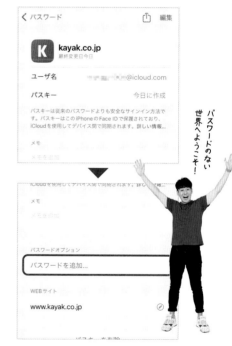

4 iPhoneの「設定」アプリの「パスワード」でアカウントを作成したアプリを選択し、内容を確認するとパスキーが保存されたことがわかります。「編集」をタップすると、オプションでパスワードの追加も可能です

085 パスコードを複雑にして セキュリティを高める

iPhoneには大切な情報がたくさん詰まっています。もし、悪意のある第三者にアクセスされたら大変です。そこで、まず強化したいのが、iPhoneの入口を守るパスコードです。標準では6ケタの数字ですが、ケタ数を増やしたり英字を混在させたりと、複雑にカスタマイズできます。

Face IDの利用にもパスコードの設定はマストです。重要な場面で使用するパスコードを強化して、しっかり防御しましょう。

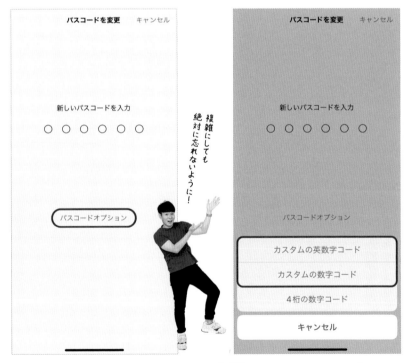

複雑にしても絶対に忘れないように！

1 「設定」アプリで「Face IDとパスコード」→「パスコードを変更」をタップし、現在のパスコードを入力。新しいパスコードの入力画面で「パスコードオプション」をタップします

2 3つのオプションのうち、「カスタムの英数字コード」は数字と英字が混在するコートが設定できます。「カスタムの数字コード」はケタ数を増やすことができます

086 自分自身の安全と プライバシーを守る新機能

iOS 16の新機能「個人情報安全性チェック」は、近しいパートナーや保護者などからハラスメントの被害を受けていたり、ストーカー行為などの懸念があるとき、安全やプライバシーを守るための機能です。例えば、自分の位置情報やパスコードを共有した相手とつながりたくなくなった場合、人やアプリのアクセス権の停止や管理が可能です。緊急リセットですべてのアクセス権を遮断したり、現在のアクセス権の確認もできます。

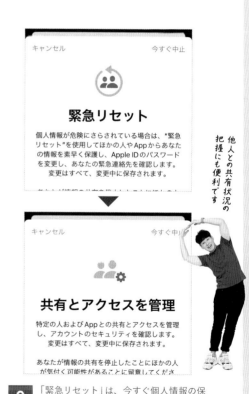

他人との共有状況の把握にも便利です

1 「設定」アプリで「プライバシーとセキュリティ」→「個人情報安全性チェック」をタップ。開いた画面で「詳しい情報」をタップすると、「個人の安全ユーザガイド」に移動します

2 「緊急リセット」は、今すぐ個人情報の保護や共有を停止したいときに使用します。「共有とアクセスを管理」は、共有する人やアプリ、アカウントのセキュリティ設定を管理します

087 閲覧履歴や入力情報を残さない 「プライベートブラウズ」のススメ

Safariでブラウジングの履歴に残したくないこと、ありますよね。そんなときは、「プライベートブラウズ」を利用しましょう。何を見たのかバレないように証拠隠滅する機能というイメージがありますが、実はセキュリティ効果もあるのです。入力したIDやパスワードなどの情報も保持しませんし、特定のWebサイトから閲覧履歴を追跡されることも防ぎます。やむを得ず友人のiPhoneでWebサービスにログインするといったときにも便利ですよ。

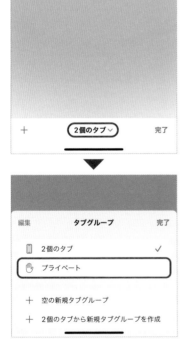

1 Safariを開いたら、右下にあるタブアイコンをタップし、続いて画面下部の「○個のタブ」をタップします。表示されたメニューから「プライベート」を選択しましょう

2 プライベートブラウズ中は、URL欄がグレーに、画面下のアイコンが青から黒になります。なお、閲覧履歴は残りませんが、タブは手動で消さない限り残るので注意が必要です

088 写真の位置情報を曖昧にして プライバシーを保護する

iPhoneでは、写真に撮影場所の情報が付加されます。写真を閲覧するときに、地図上で確認できるのは楽しいものですが、うっかり他人に渡したりすると自宅の住所などがバレてしまう可能性もあります。

情報漏えいが不安な人は、「カメラ」の設定で「正確な位置情報」をオフにするといいでしょう。これで写真にはおおよその場所しか記録されません。なお、撮影済みの画像の位置情報をあとから削除することも可能です。

1 「設定」アプリの「プライバシーとセキュリティ」→「位置情報サービス」→「カメラ」で「正確な位置情報」をオフにします。これで撮影する写真の位置情報は大雑把になります

2 写真を開いて右上のメニューから「位置情報を調整」か、位置情報の地図右下の「調整」をタップすると、位置情報の削除や変更ができます。写真を渡すときに使うと便利です

089 サムネールを見ても 何の写真かわからなくするワザ

友だちや仕事先の人にiPhoneを見せながら説明するとき、「写真」アプリのライブラリを見られるのって、ちょっと恥ずかしくないですか？ そこで、サムネールを見ただけでは何の写真かわからなくするテクニックを紹介しましょう。

使用するのは、「写真」アプリの編集ツールのひとつ「トリミング」です。本来は、画像の周辺など不要な部分を削除して見せたい部分を切り出す機能ですが、写真のある部分を拡大して

1 「写真」アプリで隠したい写真を開いて、右上の「編集」をタップします。Google本社を訪問したときの写真ですが、iPhoneの番組に出演するときはこっそり隠しておきます（笑）

2 「編集」画面に切り替わったら、下のツールの中から「トリミング」を選びます。ちなみに、画面下部の「自動」は、最適な角度調整やトリミングをしてくれる便利な機能です

切り出すことで、写っているものが何なのかわからなくするわけです。操作は難しくないので、慣れれば時間はかかりません。これで他人にライブラリを見られても胸を張っていられます。すぐに戻せるので、心配ご無用です。

Memo

**編集した写真は
ワンタップで元どおり**

元に戻す操作は簡単です。戻したい写真を開いて右上の「編集」をタップし、編集画面で「元に戻す」をタップすれば、編集前の状態に戻ります。

3 四角のハンドルをドラッグしてトリミング範囲を指定します。ここではドロイドくんの一部を拡大してトリミングしました。最後に右下のチェックマークをタップして完了です

これで何の写真かわからない…

4 必要に応じてこの操作を繰り返しましょう。3つの写真の内容がわからなくなっています。サムネールはもちろん、写真を開いて見られても何が写っているかわかりません

090 見せたくない写真は 削除しないで「非表示」に

　「写真」アプリに保存した画像の中に、人に見せたくないものがある場合、どうしていますか？　前のページでは、写真の一部をトリミングして撹乱するワザを紹介しましたが、実はiPhoneの「写真」アプリには「非表示」機能が備わっています。写真や動画のデータを消去するのではなく隠すだけなので、あとで簡単に戻せます。友だちにiPhoneで写真を見せたいけど、一部の写真は見られたくない。そんなときに便利なテクニックです。

1 これは、以前アップル本社で撮影した写真で、特に隠す必要はないのですが、なぜかトイレを撮っています（笑）。画像を開いた状態で、右上の「…」アイコンをタップします

2 オプションメニューが表示されたら、その中から「非表示」を選択します。ちなみに、ここで「スライドショー」を選ぶと、選択した複数の画像をスライドショーで閲覧できます

これでボクにしか開くことはできない!

Memo

「非表示」アルバムを見るには
Face IDが必要に

見せたくない写真を非表示にすると、「非表示」アルバムに入ります。以前は誰でもこのアルバムを開けたのですが、iOS 16ではロックがかかるようになりました。なお、「設定」アプリの「写真」で「Face IDを使用」をオフにすると、以前のようにすぐ開けます。ここで「非表示」アルバムごと非表示にすることもできます。

3 　画面下から確認のメッセージが出てくるので、内容をよく読んで「写真を非表示」をタップします。これで、この画像は「写真」ライブラリに表示されなくなります

4 　非表示にした画像を元に戻すには、「アルバム」から「非表示」アルバムを開きます。Face IDなどで認証後、復活させたい画像を選択し、「…」→「非表示を解除」をタップします

091 iPhoneの写真や動画を
外付けストレージに保存する

iPhoneに保存した写真や動画が増えすぎて、内部ストレージに余裕がない、という悩みをよく聞きます。そんなとき、iPhoneのデータを大容量の外付けハードディスクに保存できると助かりますよね。また、iPhoneに保存したファイルをほかの人に手軽に渡す手段として、相手の環境を選ばないUSBフラッシュメモリーが使えると便利です。

そこで、iPhoneの「写真」アプリや「ファイル」アプリに保存したデータ

USBフラッシュメモリーを利用するには、「Lightning - USB 3カメラアダプタ」を使います。iPhoneに付属するLightningケーブルと電源アダプターで電源供給する必要があります。「Lightning - SDカードカメラリーダー」を使えば、SDカードも利用できます

これでストレージ不足も解消するよ!

接続できる外付けハードディスクは電源供給型の据え置き型タイプで、電源のないコンパクトタイプのものは使用できません。フォーマットにも注意しましょう

を、アップル製のiPhoneアクセサリー「Lightning - USB 3 カメラアダプタ」を使って、外付けのストレージに保存する方法を紹介しましょう。

　なお、iPhoneで認識できる外部ストレージのファイルシステムは、exFATかFAT32、または暗号化されていないHFS PlusかAPFSの4種類となっています。ストレージ購入後にパソコンでフォーマットするか、あらかじめフォーマットされている製品を購入するようにしましょう。

1 写真や動画を外部ストレージに保存するには、「写真」アプリで転送したい写真を選び、共有アイコンをタップ。「"ファイル"に保存」→右上の「戻る」でブラウズし、ストレージが認識されていれば選択して、「保存」をタップします

2 iPhoneに戻すときは、「ファイル」アプリで外部ストレージを開き、右上のメニューで「選択」をタップ。画像を選んで共有アイコン→「○枚の画像を保存」で、「写真」アプリに保存されます。「ファイル」アプリにも保存可能です

155

092 世界中のアップル製品が あなたのiPhoneを探してくれる！

iPhoneが備える「探す」機能には、主に2つの役目があります。ひとつは、iPhone自体を紛失した際、ほかのアップル製デバイスやPCのWebブラウザなどから場所を調べる機能。iPhone 11〜14シリーズでは、たとえ電源が切られたとしても24時間以内であれば、探すことができます。もうひとつは、AirPodsやトラッキングデバイスのAirTagを付けたアイテムがiPhoneから離れたときにiPhone上で通知する機能です。

いざというときのため、「設定」アプリの名前→「探す」→「iPhoneを探す」で、すべての項目をオンにします。これでiCloudのサイトからiPhoneを探すことができます

「探す」アプリでは、登録デバイスがどこで検知されたかをマップ上で確認できます。逆に、Macの「探す」アプリや「iCloud」のWebサイトからiPhoneを探すことも可能です

Memo

部屋の中でなくした AirPodsを探す

この「探す」機能は、実は世界中にある数億台規模のアップルデバイスが匿名のBluetoothを使って「"探す"ネットワーク」を構築して実現しているという壮大なもの。アップルユーザーの助け合い機能なんです。

部屋の中でAirPodsを外したんだけど、場所がわからない。そんなときは「探す」アプリでデバイスを選び、「探す」をタップして歩き回ると、位置を教えてくれます。iPhone 11以降で有効です。

リストからデバイスを選択すると、個別の設定画面となります。ここで、音を出す「サウンドの再生」、位置を探る「探す」、置き忘れ防止の「通知」の設定などを実行できます

「通知」の「手元から離れたときに通知」で置き忘れ防止をオンにしておくと、デバイスからiPhoneが離れた際に「○○が手元から離れました」とアラートが出ます

093 個人情報を含む大事なメモを ちゃんとロックしてますか？

どんどん進化する「メモ」アプリは、仕事にプライベートに、いろいろ活用できて便利ですよね。でも、そのメモにはパスワードや個人情報など、大切な情報が含まれていませんか？ メモはパスワードを使ってロックすること

ができます。しかも、iOS 16の「メモ」アプリではiPhoneのパスコードでもロックできるようになったので、別途メモ用のパスワードを覚えなくて済みます。さらに、iPhoneのパスコードを使ってロックしたメモは、Face ID

1 iOS 16にアップデートした場合、メモをロックしようとすると、このような画面が開き、ロックの方法を選択できます。ここでは「iPhoneのパスコードを使用」をタップ

2 ロックしたいメモを表示した状態で右上の「…」をタップし、開いたメニューで「ロック」をタップします。ロックするためにパスコードを入力します

やTouch IDで解除できるので、より手軽に使えるようになりました。

　なお、ロックできるのは、iCloudかiPhoneアカウントに保存するメモに限られます。重要なメモは、このどちらかのアカウントで管理しましょう。

3 ロックされたメモを表示するには、ロック画面で「メモを表示」をタップします。Face ID（またはTouch ID）かパスコードを入力してロックを解除します

4 ロック自体を取り外すには、メモを開いた状態で画面右上の「…」をタップし、メニューで「取り除く」をタップします。これで、メモからロックが取り除かれます

094 ヘルスケアデータを共有して 離れて暮らす家族を見守る

iPhoneの「ヘルスケア」では、ランニングなどのアクティビティのほか、Apple Watchなどを併用することで、心拍データなども記録可能です。そして、これらのヘルスケアデータは共有することができます。

友人同士でアクティビティを共有し、トレーニングのモチベーションを上げるという使い方のほか、遠隔地で暮らす家族の健康状態を把握して、異常があれば通知で知らせてもらうという目的でも使えます。

トレーニングにも健康チェックにも便利！

1 「ヘルスケア」アプリ下部の「共有」→「ほかの人と共有」をタップして、共有相手を検索して選択します。「提案されたトピック」または「手動」で共有する項目を選びます。相手に対して「共有依頼」を出すことも可能です

2 共有できるトピックには、心拍の異常値などのヘルスケア系、ランニング距離などのアクティビティ系があります。選択後に「参加依頼」を出して、相手が了承したら「ヘルスケア」アプリ内で共有されます

095 「ヘルスケア」アプリに 薬の時間を教えてもらおう

　病院で処方された薬や、健康維持のためのサプリメントは、決められた時間に服用することが大切です。わかっていても、忙しいとうっかり忘れてしまったりするんですよね。

　そんな多忙な人は、「ヘルスケア」ア
プリの新機能に服薬時間を教えてもらいましょう。薬の種類や服薬のスケジュールを設定すれば、投薬時間の通知と服用の記録を付けてくれます。頓服薬など、スケジュール外の服薬は、「必要な時の服薬」に記録できますよ。

1 「ヘルスケア」アプリで「ブラウズ」→「服薬」→「薬を追加」をタップします。続いて、薬の名前や種類、服用スケジュールなどを画面の指示に従って設定します

2 スケジュールを設定すると、服薬する時間に通知されます。通知を長押しして表示されるオプション項目で、「すべて"服用"で記録」をタップすると服用したことが記録されます

家電芸人が選ぶオススメの「ゲームチェンジャー家電」

　一般的に、家電製品は生活の中に溶け込んでいて、特に存在を意識することは少ないですが、少々高価でも、1台あるだけで生活が変わる、楽しくなる家電製品があります。それをボクは「ゲームチェンジャー家電」と呼んでいます。ここでは、最近出会ったゲームチェンジャー家電を紹介しましょう。

**BALMUDA
The Toaster Pro**
(バルミューダ)

高級トースターです。これで焼いたパンは一般的な食パンでも、外はサクサク、中はもちもちの食感に。おいしいと評判のカフェで食べているようで、朝食の時間が幸せになります。

土鍋ご泡火炊き
(タイガー魔法瓶)

高級炊飯器を使ってみて、お米って調理方法が変わると、こんなにも甘味が増すんだなと実感しました。これもトースターと同じで、同じお米でも、炊き上がりがまったく変わります。

ナノケア
(パナソニック)

こちらはいわゆる高級ドライヤー。風量が増して乾かす時間が短縮できるだけでなく、髪に潤いを与えてくれます。乾かしたあともしっとりまとまって、見た目の印象も変わりますよ。

普段からよく使っている
iPhoneだからこそ
少しのスピードアップが重なって
いつの間にやら大きな差になるんです。
高速テクニックを駆使するボクに
ついてこられるかな！

こ、これは…
速いっ!!

096 iPhoneをさらに便利にする「ショートカット」のススメ

　「ショートカット」アプリは、さまざまな操作を自動化できる機能。iPhoneの可能性を大きく広げてくれるものです。しかし、ちょっと難しい印象があるので、使ったことがない人も多いでしょう。そこで入門編として、アプリを起動するショートカット（アクション）の作成方法を説明します。一度作ってみると、応用は意外に簡単です。

　アプリの起動ならアイコンをタップするだけじゃないかと思うかもしれません。しかし、作成したアクション

サンプルのショートカットを見て参考にしよう！

1 「ショートカット」アプリを開いて右上の「＋」をタップし、開いた画面で「アクションを追加」を選びます。さらに「スクリプティング」→「Appを開く」と進みます

2 「Appを開く」の画面で青い「App」の部分をタップすると、アプリの一覧が開きます。ここでは「Google Maps」を選びました。すると「App」の部分が「Google Maps」となります

は「背面タップ」（P.77参照）などと組み合わせることができます。つまりiPhoneの背面を叩くだけでアプリが開くようになるわけです。さらにオートメーション機能と組み合わせれば、決まった時間や場所でアプリを起動さ

せるといった使い方も可能。アイデア次第でどんどん便利になるんです。

「ショートカット」内の「ギャラリー」にはサンプルが用意されているので、カスタマイズしながら勉強してみるといいでしょう。

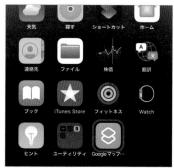

3 次に上部の「Appを開く」の横にある矢印をタップしてメニューを開きます。ここで名称やアイコンの色などを設定できます。「完了」をタップすると、アクションの作成は完了です

4 アイコンを長押ししてメニューから「詳細」を選択、「ホーム画面に追加」を選びます。プレビューが表示されるので、確認後に「追加」をタップで、ホーム画面に配置されます

097 検索結果のアプリアイコンを ドラッグ＆ドロップで配置

ホーム画面のどこに置いたかわからなくなったアプリ。検索すれば検索結果から起動できますが、ホーム画面に配置し直すにはアイコンの場所を探す必要があります。そんなときは検索結果か「Appライブラリ」のアプリのア

イコンを長押しして、そのままホーム画面にドラッグ＆ドロップしちゃいましょう。ただこの方法を使うと、iOS 16.2の時点ではアプリのアイコンがドロップするたびに増えていくので、混乱しないように注意しましょう。

1 ホーム画面の「検索」をタップしてアプリ名を入力。アイコンが表示されたら長押ししてドラッグし、ホーム画面でドロップします。「Appライブラリ」でも同様の操作になります

2 「Appライブラリ」や検索画面からドラッグ＆ドロップしたアプリは、ドロップするたびにアイコンが増えていきます。複数のホーム画面に同じアプリを配置することもできます

098 ロック画面の「ウィジェット」から気になる言葉を即検索!

　iOS 16では、ロック画面にも「ウィジェット」を追加できるようになりました。ロック解除してアプリを探してタップして……といった手順が省けるので、操作がスピーディーになります。例えば、「Google」アプリをウィジェットとして追加すれば、調べ物をしたいときにワンタップで検索できます。

　どうせならロック画面のカスタマイズもスピーディーにやりましょう。ロック画面でロックを解除し、そのまま長押しでカスタマイズ画面に進めます!

1 ロック画面で画面を長押しし、画面下部の「カスタマイズ」→「ロック画面」→「ウィジェットを追加」を選ぶと、ウィジェットが追加できます。なお、「Google」アプリは、あらかじめインストールしておきます

2 「Google」をタップし、検索窓のアイコンをタップ。追加されたら、「×」→「完了」をタップします。これで、ロック画面にGoogle検索のウィジェットが追加されました。スピーディーにキーワード検索できるようになりますね

099 カーソル移動がスピードアップ！キーボードをトラックパッドに！

カーソルの移動って、思いのほかうまくいかないものです。目的のところがタップできず、イライラすることがあります。そんなときにオススメなのが、キーボードをノートパソコンのトラックパッドのようにするワザです。

方法は簡単。キーボードの「空白」または「space」キーを長押ししましょう。するとキートップの文字が消え、そのエリアがトラックパッドになります。あとは指でなぞって、カーソルを自由に動かしましょう。

知らない人に教えてあげよう！

長押し

トラックパッドのようになる

1 「空白」キーを長押しすることで、キーボードを一時的にトラックパッドに切り替えられます。QWERTY配列の英字キーボードでは、「space」キーを長押しすればOKです

2 キートップの文字が消えて、ノートパソコンのトラックパッドのような操作が可能となります。指でドラッグすることでカーソルを自由に動かせるので、サッと目的の位置へ

100 「や」をフリックして
カギカッコをすばやく入力

　文章入力で使うカギカッコ。入力が面倒だと思うことはありませんか?「かっこ」と入力して変換候補から探したり、数字キーボードに切り替えて「7」からフリック入力したり。いずれの方法でも時間がかかります。

　でも、ひらがなのキーボードから直接入力する方法もあるんです。「や」のキーを長押ししてみましょう。左右にカギカッコが表示されるはずです。入力のときは左右にサッとフリックすればOK。すばやく入力できますよ。

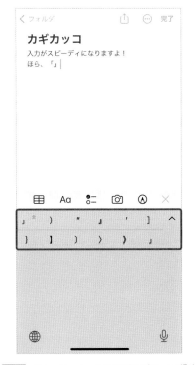

1 「や」のキーを長押しすると、左右にカギカッコが表示されます。入力のときは、いきなりフリックするだけ。キーボードを切り替えたりする必要がないので、すばやく入力できます

2 クォーテーションや二重カギカッコ(『』)なども変換候補として表示されます。こうした特殊なカッコも、「や」からフリック入力したあとに変換すると、簡単に入力できますね

101 とっても便利な音声入力がさらにパワーアップ！

すばやく文字入力したいとき、以前からボクは音声入力を使っていました。本格的な長文でも、スムーズに入力できるんです。そんな音声入力が、iOS 16でさらに便利になりました！

最も大きな変更点は、音声入力中も キーボードが表示されること。音声入力を中断することなくキーボードを併用できるので、間違ってしゃべった部分をキーボードで修正することも簡単になりました。加えて、何と絵文字も声で入力可能に！

音声入力で原稿も書いてますよ！

1 右下のマイクアイコンをタップすると音声入力がスタート。入力中にキーボードで、テキストを修正することも可能です。音声入力は解除されていないので、続けて入力できます

2 絵文字も入力可能。それぞれ「なみだえもじ」「げらげらえもじ」で入力しています。マイクアイコンがない場合は、「設定」アプリ→「一般」→「キーボード」で「音声入力」をオンに

102 URLやメールアドレスを サクっと入力するテクニック

　URLやメールアドレスは長い文字列のものが多く、入力するのが面倒ですよね。いちいちコピーするのも手間がかかります。よく使うフレーズは、iPhoneの「ユーザ辞書」に登録してしまいましょう。一発ですばやく入力で

きるようになります!

　「ユーザ辞書」にはURLなどに限らず、よく使う住所や定型文なども登録できます。うまく使いこなせば、テキスト入力がよりスピーディーに、より快適になるはずです。

何度も使うフレーズを登録すると便利です

1 文字列の登録は、「設定」アプリの「一般」→「キーボード」→「ユーザ辞書」で行います。画面右上の「+」をタップして「単語」と「よみ」を入力し、「保存」を選択しましょう

2 ユーザ辞書に登録した「よみ」を入力すると、変換候補に「単語」(ここではURL)が表示されます。あまり入力しないけど、わかりやすい「よみ」で登録しましょう

103 実は意外と難しい 「はは」をすばやく入力する方法

日本語キーボードで意外と手こずるのが、「はは」の入力。急いで2回タップすると「ひ」になってしまうのです。少し時間を置けばいいのですが、待ってられません。そんなときは、2文字目を入力するときに、指を離さず一瞬「ひ」にずらしてから「は」に戻しましょう。これで入力できます。なお「設定」アプリの「一般」→「キーボード」で「フリックのみ」をオンにすると、タップだけでも入力できます。

2つ目の「は」を入力する際、一瞬「ひ」にフリックしてから「は」に戻します。これで「はは」とすばやく入力できます。この方法は、あ段の文字すべてに当てはまるので、試してみましょう

104 バーを握ってドラッグすると 超高速スクロールが実現

Webページの中には、ものすごく縦長のものがあります。そんなページの下のほうへ移動するには、何度もフリックする必要があって面倒です。そんな場合は、右側に表示されているスクロールバーを長押ししましょう。すると軽い振動があり、バーが太くなります。そうやってバーを握ったら、そのままドラッグすると、超高速でスクロールができるようになるんです。Twitterなどでも使えるテクニックです！

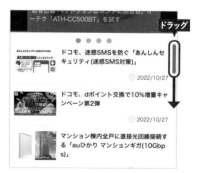

ページをスクロールすると現れる、右側のスクロールバーを長押しします。軽い振動があってバーが太くなるので、その状態でドラッグしましょう。バーはすぐに消えるので、早く握ること！

105 Wi-Fiパスワードの共有は ワンタップでスマートに!

　自宅やオフィスに来客があったとき、Wi-Fiのパスワードを教える場面はよくありますが、複雑なパスワードを伝えたり、入力したりする作業は面倒で時間がかかります。

　連絡先にApple IDが登録されてい

る相手であれば、最初の接続時に接続済みのiPhoneからWi-Fiパスワードを転送することができます。共有する相手がパスワード入力画面を開くと、自動的にウィンドウが開くので、ワンタップで接続完了です。

この方法が一番早くてスマート!

1 両方の端末でWi-FiとBluetoothをオンにして、初めて接続するWi-Fiを選ぶと、「パスワードを入力」の画面が開くので、このまま待ちます。この際、自分のApple IDが相手の連絡先に登録されている必要があります

2 初めて接続するiPhoneの近くにすでに接続済みのiPhoneがあれば、Wi-Fiパスワードを共有する画面が開きます。「パスワードを共有」をタップすれば、相手に自動的にパスワードが登録されて接続が完了します

106 掲示されているパスワードは カメラで直接入力しよう

　カメラのテキスト認識表示（P.28参照）は、Wi-Fiのパスワード入力でも活躍します。会社の会議室やホテルなどで、Wi-Fiのパスワードが貼り出してあれば、入力する必要ありません。

　Wi-Fiのパスワード入力画面で、パスワード欄のカーソルをタップすると「テキストをスキャン」というメニューが出ます。タップすると画面下部にカメラのウィンドウが開くので、パスワードの文字列をフレームに入れると、自動的に入力してくれるんです。

1 「設定」アプリの「Wi-Fi」で接続したいWi-Fiをタップ。「パスワードを入力」画面が開くので「パスワード」欄のカーソルをタップして、「テキストをスキャン」をタップします

2 画面下部がカメラに切り替わるので、パスワードの文字列を入れます。自動的に認識して文字列が入力されます。タップして選ぶこともできるので、選択後に「入力」をタップします

107 LINEのQRコードを 迷わず表示する方法

LINEの交換をしようという話になったとき、QRってどうやって出すんだっけ……ともたつくと気まずいですよね。迷わないQRコードの出し方を覚えておきましょう。簡単なのは「LINE」アプリのアイコンの長押し。出てきたメニューから「QRコードリーダー」をタップでリーダーが起動。「マイQRコード」タップでQRコード表示です。アプリ起動済みなら、検索窓のQRアイコンをタップしてもOKです。

「アイコンを長押しすれば何とかなる」と覚えておけば、次回から迷うことはないでしょう。ホームやトーク一覧の検索画面のQRアイコンでもOKです

108 テキストの範囲選択は 連続タップで軽やかに！

テキストをコピーするための範囲指定、うまくいかず時間がかかっていませんか？ 実は範囲指定は、タップを使う方法がオススメです。

例えば、単語を選択したいならタップを2回、行や段落全体を選択したいならタップを3回しましょう。これですばやく範囲指定ができます。これに3本指での操作を合わせれば（P.178参照）、周りの人には見えないほどすばやく操作することも可能です！

3回タップで段落全体が範囲指定されます。一部アプリでは、選択後にメニューの「＞」をタップすると「フォーマット」といった項目が表示され、ボールドや斜体などの文字の装飾ができます

109 左にサッとスワイプ！

📷 最速でカメラを起動できます

シャッターチャンスは、いつも突然やってきます。しかし、iPhoneのロックを解除して「カメラ」アプリを起動してシャッターボタンを……という操作をしていては、撮影は間に合いません。そんなときは、迷わずロック画面を左にスワイプしましょう。「カメラ」アプリが起動し、撮影可能な状態になります。ロック画面のカメラアイコンを長押しして振動を感じたら指を離す手順より、早く撮影できます。

撮りたいものがあったら、ロック画面で右から左にスワイプしましょう。最速で「カメラ」アプリが起動します。ぜひ覚えておきたいワザです

110 タイミングの悪い電話
📞 すぐに音を止める方法

打ち合わせ中に電話が鳴り、とりあえず着信音を止めたくて焦ってしまうこと、ありますよね。そんなときはiPhoneの左右にあるボタンを、どれでもいいので押しましょう。これで電話を切ることなく着信音が止まります。ポケットの中など手探りでもできますね。なお、「設定」アプリの「FaceIDとパスコード」→「画面注視認識機能」をオンにしておくと、画面を注視するだけで音が小さくなります。

サイドボタンや音量ボタン、どれでも着信音を止められます。ただし、電話はつながったままなので注意しましょう。また、サイドボタンを2度押しすると「拒否」になり、電話が切れてしまいます

111 ホーム画面の移動は 自動的にスライドさせよう

新しいアプリがどんどん登場し、ホーム画面の数が増えている人も多いでしょう。増えたホーム画面を一枚ずつスワイプして移動するのは、時間がかかります。そこで、ホーム画面を自動的にめくってくれるワザを使いましょう。ホーム画面下部の「検索」ボタンを進みたい方向にドラッグすれば、ホーム画面の移動が始まります。目的の場所で指を離せばOK。画面下部から上向きにスワイプすると、一瞬でメインのホームに戻ります。

1 ホーム画面下部の「検索」ボタンを右方向にドラッグすると、ドットに変化してホーム画面の移動が始まります。目的のホーム画面で指を離すと、移動が止まります

戻るアクションもけっこう便利

2 ドラッグしたまま左右に引っ張ると、それぞれの方向に進みます。最初のホームに戻りたいときは、画面下部から上に向かってスワイプすると、一瞬で戻れます

使いこなせばスピードアップ！
3本指で操作するワザ

iPhoneでは、指を3本使ったジェスチャにも対応しています。ここでは、文字入力で活躍してくれる3本指を使ったワザを紹介しましょう。

まず、3本の指で右から左に向かってスワイプすると、直前の操作を「取り消す」ジェスチャになります。逆に左から右にスワイプすると、取り消した操作を「やり直す」ことができます。これらの操作のとき、指の置き方はあまり気にしなくて大丈夫です。さらに、3本指でのピンチインは「コピー」、ピ

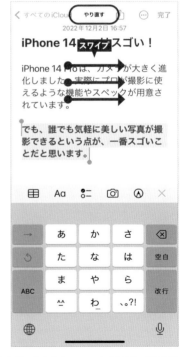

3本指で右から左にスワイプで、直前の操作を取り消します。3回タップで段落を選択してボールドに装飾したあと、3本指のスワイプで戻した状態です。「操作を戻すには左にスワイプ」です

3本指で左から右にスワイプすると、再びボールドに装飾する操作をやり直します。つまり「操作を進めるには右にスワイプ」です。上部に「やり直す」と操作を表示しています

ンチアウトは「ペースト」、ピンチイン
を2回繰り返すと「カット」となります。

　3本指のジェスチャは、組み合わ
せるとスマートに操作できるようにな
ります。最初は戸惑うかもしれません
が、まずはゆっくり試してみましょう。

Memo

本体をシェイクして 操作を取り消す

直前の操作の「やり直す」「取り消す」は、
iPhone本体をひと振りする「シェイク」
というジェスチャでも可能です。この機
能のオン／オフは、「設定」アプリの「ア
クセシビリティ」の「タッチ」で行います。

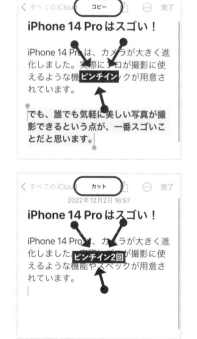

文字列を選択した状態で、3本指でピンチインし
てコピー、ピンチアウトでペーストします。2回
連続ピンチインでカットになります。組み合わせ
て使うと、操作の速さが際立ちます

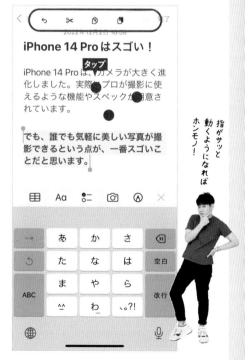

指がサッと
動くようになれば
ホンモノ!

3本指でタップすると、「取り消す」「カット」「コ
ピー」などのメニューが表示されます。また、3
本指のダブルタップでも、「取り消し」の操作がで
きます

113 並べ直しにも便利！ アプリをまとめて移動する

アプリの移動は、長押しして指に振動を感じたら即座に動かして行います。ただし、この方法では、たくさんのアプリを動かしたいときには時間がかかります。複数をまとめて移動する方法が、実はあるんです。まずアイコンが震えている状態にします。続けて移動したいものをちょっと動かし、そのまま指を離さず、一緒に移動させたいものをほかの指でタップ。するとアイコンが重なるので、目的の場所にドラッグすればOKです。

4つのアプリが選択状態

慣れたら片手でも簡単です

1 ホーム画面を長押ししアイコンが震え始めたら、移動したいものを少し動かして「−」を消します。そのまま指を離さずにほかのアイコンをタップしていくと、次々に重なります

2 移動したい場所にドラッグ＆ドロップすると、アプリアイコンがまとめて配置されます。アイコンは重ねた順番で並ぶので、単に並べ直したいときにも活躍するテクニックです

114 直前のアプリにすぐ戻りたい！
そんなときに便利な小ワザ

メール本文内のリンクなどをうっかりタップしてしまい、Safariが起動。見たくもないWebページが開いてしまう……ちょっとイライラしますよね。そんなとき、直前のアプリにサッと戻る方法が2つあります。まずは、画面の左上に表示されているアプリ名をタップする方法。もうひとつは、画面下部のホームインジケーターをスワイプする方法です。なお、ホームインジケーターを使った方法なら、ホーム画面からでも直前のアプリに戻れます。

1 画面の左上、すごく小さいのですが「メール」という文字が見えます。これが直前のアプリです。ここをタップすると、直前のアプリ、つまり「メール」にすぐ戻ることができます

2 画面下部にあるホームインジケーター（黒い線）を右にスワイプすると、直前のアプリに戻ります。左側に「メール」が見えてきました。この操作はホーム画面でも同様に行えます

115 言葉の意味を調べるなら 検索より内蔵辞書が早い！

わかりにくい言葉を調べるとき、多くの人がWebでキーワード検索しているでしょう。しかし、ネット上には情報が多すぎて、正しい情報にたどり着くのに時間がかかることもあります。もっと早く正確に調べる方法がiPhoneには用意されています。それは内蔵辞書を使うというテクニックです。手順は簡単。言葉を選択すると表示されるメニューから「調べる」を選べば、言葉の意味が表示されます。

調べたい言葉を選択するとメニューが表示されるので、「調べる」を選択。すると言葉の意味が表示されます。「調べる」がない場合は、メニューの「＜」「＞」をタップしましょう。内蔵辞書はオフラインでも利用可能です

116 もう一度見たいWebページに 一発で戻るテクニック

Webブラウジングをしていると、前に見たWebページをもう一度見たいと思うことがあります。もちろん「＜」マークで戻れるのですが、かなり前のページの場合は、何度もタップすることになります。

もっと早く戻りたいなら、「＜」マークを長押ししましょう。すると、履歴が一覧表示されるので、あとは見たいページを選ぶだけです。これで一気に目的のページに戻れます。

Safariの画面の左下にある「＜」マークを長押しすると履歴が一覧表示されるので、目的のものをタップしましょう。ただし、表示されるのは、同じタブで開いたページのみとなります

117 Safariで開きすぎたタブをまとめて閉じてスッキリ!

　複数のWebページを切り替えながら閲覧できる、便利なSafariのタブ機能。しかし使っていると、いつの間にかたくさんのタブを開いた状態になり、逆に目的のページがわかりにくくなることもあります。タブは、一覧表示で右上の「×」をタップすると閉じられますが、数が多いと時間がかかってしまいます。そんなときは、ページ右下のタブアイコンか一覧表示画面の「完了」を長押し。すると、まとめて閉じるメニューが表示されます。

タブは500個まで追加できます(汗)

Safariの画面で、右下のタブアイコンを長押しします。メニューが表示されるので、「○個のタブをすべて閉じる」をタップしましょう。これで一気に閉じられます

もうひとつの方法です。タブの一覧表示画面で「完了」を長押し。表示された「○個のタブをすべて閉じる」をタップしましょう。これでまとめて閉じることができます

118 スワイプを駆使すれば メールをすばやく整理できる！

「メール」を頻繁に使っているボクは、受信ボックスのメール管理にスワイプを駆使しています。わざわざ開く必要のないメールは、右にスワイプして引っ張り切れば、「開封」をタップせずに開封済みにできます。不要なメールは左に引っ張り切ることで、すぐにゴミ箱へ移動できます。この方法でスピーディーに整理できます。

なお、メニューの項目は、「設定」アプリの「メール」→「スワイプオプション」でカスタマイズできます。

受信ボックスのメールを右にスワイプすると「開封」メニューが表示され、そのまま右端まで引っ張り切れば開封済みになります。なお、再度右に引っ張ると未開封に戻ります

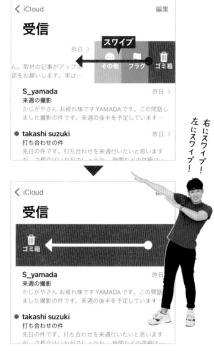

右にスワイプ！
左にスワイプ！

左にスワイプすると、返信や転送ができる「その他」と「フラグ」「ゴミ箱」といったメニューが表示されます。そのまま左端まで引っ張り切れば、タップなしでゴミ箱に移動できます

119 書きかけの下書きメールは すぐに呼び出せます

メールの作成を一時中断するときは、左上の「キャンセル」を選択しましょう。すると、書きかけのメールが下書きとして保存されます。下書きメールは「メールボックス」の「下書き」に保存されるので、作成を再開する際にはそこから開いて作業できます。でも実は、もっと早く呼び出す方法があるんです。それは、画面右下にある新規メッセージアイコンの長押しです。下書きメールが一覧表示されるので、目的のものを選びましょう。

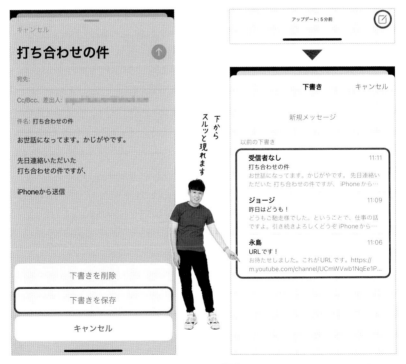

下からスルッと現れます

1 メールの作成中に左上の「キャンセル」をタップすると、このようなメニューが表示されます。「下書きを保存」を選択すると、作成中のメールが下書きとして保存されます

2 「メール」アプリの右下にある新規メッセージアイコンを長押しすると、保存されている下書きメールが一覧表示されます。あとは、ここから選んで作成を再開すればOKです

120 複数アカウントの未開封メールを 一瞬でチェックする！

複数のアカウントを使い分けているとよくあるのが、メールの見落とし。大事なメールに気付かない事態は避けたいけれど、時間をかけて見てられない。そんなときは、「メール」アプリに用意された未開封メールだけを表示してくれるフィルタ機能が便利です。「全受信」で確認すれば、各受信ボックスの未読メールが一瞬で表示できます。またフィルタは、「フラグ付き」のメールや「宛先：自分」のメールといったようにカスタマイズ可能です。

1 「全受信」のメールボックスを開きます。通常は、開封済みも未開封もメールはまとめて表示されています。ここで左下の3本線のアイコンをタップしましょう

2 アイコンが反転し、「未開封」というフィルタが適用されます。なお、下部の「適用中のフィルタ」の部分をタップすると、フィルタの設定を変更／追加できます

121 写真を急いで探すときは 被写体でとりあえず検索する

　長くiPhoneを使っていると、「写真」アプリのライブラリは、数え切れない枚数の写真であふれ返ります。そんな中から写真を探すのは大変ですが、「写真」アプリの検索機能なら大丈夫。「ラーメン」「夕方」など、探したい写真の被写体をキーワードとして検索するだけで、関連する写真を探してきてくれます。さらには、写真の中に写っている文字も認識して、キーワードの文字が入っている写真まで見つけてきてくれるんです。

1 「夕方」で検索すると、空の色が夕焼けっぽい写真が検出されました。ただし、朝焼けも混じっています（笑）。さらに場所や季節などを追加することで検索結果が変化します

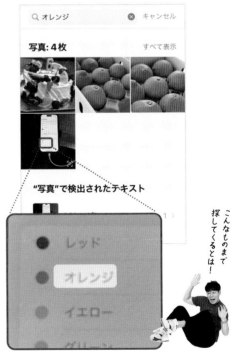

こんなものまで探してくるとは!

2 「オレンジ」で検索すると、果物以外にiPhoneの画面が写った写真が検出されました。拡大すると、画面の中に「オレンジ」の文字が! 写真に写った文字も検索して探してくれます

Macを組み合わせれば iPhoneがWebカメラに!

iPhoneでコピーした文章をMacでペーストできる「ユニバーサルクリップボード」など、同じアップル製のiPhoneとMacの便利な連携機能はたくさんあります。iOS 16と最新のmacOS Venturaの組み合わせでは、iPhoneのカメラをMacのWebカメラとして使用できる新機能が加わりました。iPhoneのカメラを使うことで高画質になることはもちろん、被写体が動いてもカメラが追随して中央に表示してくれるセンターフレームを利用したり、2台目のカメラとしてiPhoneの超広角カメラを使って自分の顔と机の上を同時に映し出す「デスクビュー」も可能です。

リモートワークが増えビデオ通話が普及している今、Macに標準搭載されているカメラより性能が優れたiPhoneのカメラを使えるというのは大きなアドバンテージになります。ちょっと感動するクオリティなので、Macを使っている人はぜひ試してみてください。

iPhoneとはワイヤレスで接続するので、こんな感じに離れた位置からの映像でビデオ通話することもできます

CHAPTER 7

上級者こそラクチン操作!
iPhoneで"ずぼら"テクニック

登場したころに比べれば、
iPhoneもずいぶんと
多機能で便利になりました。
しかし、多彩な機能も
楽に使えなければ意味がありません。
ラクチン操作を覚えて、
iPhoneをもっと好きになりましょう。

面倒なことは
iPhoneに
お任せ…むにゃ。

122 寝転がったままの**顔登録**で 寝起きの**Face ID**を攻略！

iPhoneに顔を向けるだけでロック解除や買い物ができてしまう顔認識機能「Face ID」、便利ですよね。そんな現代の「顔パス」とも言えるFace IDですが、寝起きの認証率が低くないですか？ 世相を反映して、マスク着用時の認証にも対応したのに（P.191参照）、寝起き問題は続いています。

同じ悩みを持つ皆さん、寝転がったまま寝起きの顔を「もう一つの容姿」として登録してみましょう。これで、寝起き問題は解決です！

寝起きのときに登録しちゃおう

ゆっくりと頭を動かして円を描いてください。

アクセシビリティオプション

やり直す

1 「設定」アプリを起動して「Face IDとパスコード」を表示し、「もう一つの容姿をセットアップ」をタップします。すると、追加のFace ID登録画面に切り替わります

2 画面の指示に従って寝起きの顔を登録します。これで朝起きたとき、寝転がったままでの顔認証率がアップするはずです。寝起きで認証に失敗したときが、登録のチャンスですよ

123 目は口ほどにものを言う！
マスクをしたままFace IDを使う

ついにiPhoneのFace IDがマスク着用時の認証に標準対応しました。新しいiPhoneの初期設定でFace IDを登録済みの場合は、「マスク着用時のFace ID」の設定をオンにするだけ。また、マスクの設定をオンにすると最大4本までメガネを登録できるようになるので、普段メガネをかけている人は、メガネ姿も登録しておきましょう。

なお、この機能を使用するにはiOS 15.4以降を搭載したiPhone 12以降の機種が必要です。

Face IDにマスクもメガネも問題なし！

1 マスク着用時の登録をするには、初回起動時やFace IDの新規登録時にこの画面が表示された際、「マスク着用時にFace IDを使用する」をタップします。登録にはマスクは不要です

2 Face IDを登録済みの場合は、「設定」アプリ→「Face IDとパスコード」で「マスク着用時Face ID」をオンにし、必要に応じて「メガネを追加」をタップします

124 イヤホンをしていても 来客を教える「サウンド認識」

イヤホンで音楽を聴いたり映画を観たりしていたら、ドアベルを聞き逃して宅配の不在票が入っていた、なんてことはありませんか？ iPhoneには、近くの音を認識してイヤホンに知らせてくれる便利な機能があるんです。この機能は、ドアベルやサイレン、赤ちゃんの泣き声、ペットの鳴き声など、設定した音声をAIが認識すると通知してくれるというものです。特殊なドアベルを使っている場合は、そのドアベルの音を登録することもできますよ。

ドアベルが鳴ったらiPhoneが教えてくれる！

1 「設定」アプリ→「アクセシビリティ」→「サウンド認識」の順にタップして、「サウンド認識」をオンにします。続いて、表示される「サウンド」をタップします

2 認識させたいサウンドの種類をタップして、次の画面でオンにします。コントロールセンターでオン／オフを切り替えられます。「消音モード」では通知音が出ないので注意

125 通知が多すぎる問題は「時刻指定要約」でスッキリ!

　自分宛のメッセージやリマインダーなど、通知機能は便利な半面、情報が多すぎて取捨選択が難しくなってしまうのは本末転倒です。そこで、「時刻指定要約」の力を借りましょう。この設定を有効にしておくと、緊急ではない通知を指定した時間にまとめてチェックできるようになります。

　ちなみに、頼んだ覚えのないアプリから通知が来るときは、「設定」アプリ→「通知」→「Siriからの提案」が怪しいので、確認しましょう。

1 「設定」アプリ→「通知」→「時刻指定要約」の順にタップして、「時刻指定要約」をオンにし、続いて要約のスケジュールと要約に含めるアプリを設定します

2 要約の右上の数字は、その時間の要約の数で、タップすると通知が展開して各アプリの通知を確認できます。なお、要約に含めるアプリは、各アプリの通知設定でも設定できます

126 画面の上のほうが操作しづらい！ ならば画面を下ろしましょう

画面サイズが大きいiPhoneを片手で操作する際、上のほうのアイコンに親指が届かないことはありませんか？そんなときに利用したいのが、「簡易アクセス」です。

簡易アクセスは、画面の下端をさらに下方向にスワイプすると、画面を降ろすことができます。ホームボタンがある機種なら、ホームボタンのダブルタップで画面が下がります。文字入力の画面ではキーボードが見えなくなるので、元の高さに戻しましょう。

1 「設定」アプリの「アクセシビリティ」→「タッチ」で「簡易アクセス」をオンにします。ミスタッチなどで簡易アクセスを動作させたくない人はオフにしておきましょう

2 画面下部のDockの辺りを下方向にフリックすると、画面が下がります。この状態で、バッテリー残量の辺りを下方向にスワイプすると、コントロールセンターが表示できます

127 電車やバスの中で 🕐 アラームを無音にする方法

「新幹線で乗り過ごさないようにアラームを設定する際、サイレントモードにしてもアラーム音が鳴ってしまう」と、先輩芸人から相談を受けたことがあります。実は、サイレントモードにしても「時計」アプリのアラームや「ミュージック」アプリなどは音が出てしまいます。

バイブレーションだけにするには、サイレントモードではなく、アラームの音を「なし」に設定するのが正解。これで周囲を驚かせずに済みますよ。

バイブレーションのアラーム設定完了!

1 「時計」アプリで「アラーム」の画面を開き、音を消したいアラーム、または画面右上の「＋（新規追加）」ボタンをタップし、次の画面で「サウンド」をタップします

2 「サウンド」画面を一番下までスクロールして「なし」を選択します。なお、バイブレーションの動作については、同じ画面の一番上に戻って設定できます

128 使わないアプリは "抜け殻"にして放置しよう

面白そうなアプリを片っ端から試していると、気になってくるのはiPhoneの空き容量。そこで、一定期間使っていないアプリを自動的に削除する機能を使って、アプリを抜け殻にしてしまいましょう。この機能を有効にすると、アプリが扱うデータや設定は保持したまま、表向きにはアイコンだけが抜け殻のように残るんです。これでストレージの空き容量を確保できる上に、また必要になったらタップひとつでいつでも復活できます。

1 「設定」アプリの「App Store」で、画面の下のほうにある「非使用のAppを取り除く」をオンにすると、一定期間使っていないアプリの中身が自動的に取り除かれます

2 取り除かれたアプリは、ダウンロードマーク付きのアイコンが抜け殻のように残ります。このアイコンをタップすると、アプリやアプリが使用するデータなどが復活します

129 山のように開いたタブは 自動で閉じてもらいましょう

Safariでちょいちょい調べ物などしていると、気付けばタブがものすごく増えています。まとめてすべて消す方法もありますが（P.183参照）、最近のものは残しておきたいものです。

そこで、一定期間が経過したタブを自動的に消す設定をオススメします。閉じるまでの期間を「手動」から「1日後」「1週間後」「1か月」に変更すれば、Safariのタブを自動でスッキリさせることができます。

「設定」アプリの「Satari」で「タブを閉じる」をタップします。開いた画面でタブを自動消去するまでの期間を3つの選択肢から選びます。あとで困らない程度の期間を設定しておきましょう

130 見ながら寝落ちしても大丈夫! 動画をタイマーで止める方法

寝る前にiPhoneで動画や音楽を楽しもうとして、再生しながら寝てしまった経験はありませんか？ しかも朝起きたらバッテリーが空になっていたりしたら、目も当てられません。

そんな最悪の事態を防ぐには、「時計」アプリのタイマー機能を使いましょう。タイマー終了時に通知音を鳴らす代わりに「再生停止」をセットしておけばOK。音楽を聴きながら眠りたい人も、これで安心ですね。

「時計」アプリを起動して、「タイマー」→「タイマー終了時」の画面を開きます。画面の一番下にある「再生停止」を選択したら、時間を設定してタイマーを開始します

131 "ウッカリ課金"を未然に防ぐ サブスクリプションの解約方法

　サブスクリプションタイプのアプリの中には、手軽にフル機能が試せる無料のお試し期間が設けられていることがあります。しかし、それらの多くは解約しない限り自動で更新されるため、うっかりしていると無料期間が過ぎて支払いが発生してしまいます。iPhoneには自分がどんなサブスクリプションに登録しているのか、まとめてチェックする方法が用意されています。ときどきチェックして、不要なものは早めに解約しておきましょう。

個別にチェックしなくても大丈夫！

1 「設定」アプリ上部の名前をタップします。契約中のアプリがあれば次の画面に「サブスクリプション」項目が表示されるので、タップして内容を確認したいアプリを選択します

2 サブスクリプションのプランが表示されます。「無料トライアルをキャンセルする」をタップして、確認画面でキャンセルします。プラン変更やキャンセルもこの画面から操作できます

132 指でサッとなぞるだけ！写真や動画をまとめて選択

iPhoneの写真をまとめて渡したり、不要な写真をまとめて削除するとき、ひとつひとつ写真をタップして選択するのは面倒です。そんなときは、選びたい写真を指でサッとなぞって、まとめて選択してしまいましょう。

「写真」アプリで、選択したい写真や動画をサムネール表示にした状態で、画面右上部の「選択」をタップします。あとは、選択範囲を指でなぞるだけ！超簡単に複数の写真や動画をまとめて選択できますよ。

まとめてササッと選択完了！

1 「写真」アプリを起動して、「ライブラリ」や「アルバム」をサムネール表示にしたら、画面右上部の「選択」をタップします。これで写真や動画が選択可能な状態になります

2 指で横方向になぞると、1列まとめて選択できます。そのまま縦になぞると範囲全体が選択されます。斜めになぞっても同様に選択できます。列を飛ばして選択することも可能です

133 新規メールの編集中に ✉ ほかのメールを参照したい

メールに返信するときは元のメールが引用されるので、中身を確認しながら書けます。でも、別のメールを参照しながらメールを書くのは、iPhoneだとなかなか難しいと思っていませんか? 実は、メール作成画面でタイトル部分を下向きにフリックすると、作成画面を一時的にしまっておけるのです。その間に参照したいメールを開いて確認し、画面下部に見えているタブをタップすれば作成画面が戻ります。これで参照しながらメールが書けますね。

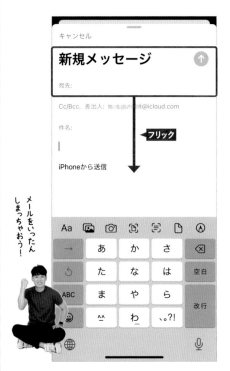

1 「メール」アプリで新規メッセージのタイトル部分を下にフリック、またはタイトル上部の短いバーをタップすると、画面が隠れます。隠した画面はアプリを閉じても保持されます

2 このまま、受信ボックスから参照したいメールを開いて閲覧できます。作成画面に戻るには、タイトル部分をタップします。新規メールは書きかけでも、複数あってもOKです

134 日本語で**話しかければ** iPhoneが**通訳してくれます！**

　iPhoneの標準アプリ「翻訳」は、旅先などで同時通訳として活躍してくれる便利なアプリです。しかも、英語、スペイン語、中国語に韓国語など18の国や地域の言語に対応する頼もしさ。使い方は簡単で、翻訳したい言語を選び、マイクボタンを押して話すだけ。翻訳された内容は、再生ボタンを押すと流暢な言葉で通訳してくれるんです。対応言語も豊富で、辞書機能や会話モード、オフラインでも使用できるなど、便利な機能が満載です。

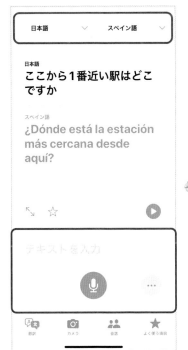

海外旅行の頼もしいパートナー！

1 画面上部で翻訳したい言語を選び、マイクボタンをタップして話すか、テキストを入力します。翻訳したテキストを音声で読み上げてもらうには、「▶」をタップします

2 話し言葉で入力しても、それなりに翻訳してくれます。別の言語での再翻訳も可能。また、単語をタップすると辞書が出てきて詳しい意味を調べられるので、勉強にもなります

201

135 「ピクチャ・イン・ピクチャ」で "ながら見"しよう！

　動画を横目で見ながらWebを検索したい、メッセージに返信したい、そんなときどうしてますか？

　ながら見に便利なのが、「ピクチャ・イン・ピクチャ」です。この機能をオンにすると動画のウィンドウが縮小さ

れ、画面の端に移動します。これにより、動画を見ながらほかの操作が可能になります。このウィンドウはドラッグで移動したり、ピンチイン／アウトでサイズを変更したりできます。対応するサービスをチェックしましょう。

LINEの返信も
動画を見ながら！

トップガン マーヴェリック

1 再生中の画面をタップして左上のメニューで、「ピクチャ・イン・ピクチャ」アイコンをタップ。NetflixやAmazonプライム・ビデオでは再生中の動画を上にフリックします

2 縮小した動画ウィンドウが表示されたら、ほかのアプリに切り替えられます。ウィンドウはドラッグで移動可能で、拡大／縮小もできます。右上のアイコンで元の画面に戻ります

136 字を読むのも面倒くさい!?
iPhoneに音読してもらおう

iPhoneには「普段は使わないけど、使ってみたら意外に便利」な機能がまだまだあります。「スピーチ」もそんな機能のひとつ。例えば、移動中にメールを読んでもらうとか、寝る前に本を読んでもらうとか、iPhoneがやってくれたら最高じゃないですか？ それを実現してくれるのが、画面の読み上げ機能です。設定さえしておけば、あとは2本指でスワイプするだけで読み上げてくれますよ。なお、「Hey, Siri! 画面を読んで」でも起動できます。

1 「設定」アプリの「アクセシビリティ」→「読み上げコンテンツ」で「画面の読み上げ」をオンにします。選択した文字列を読ませるには、「選択項目の読み上げ」をオンにしておきます

2 画面上部から2本指で下方向にスワイプすると、「読み上げコントローラ」が現れ、読み上げが始まります。Webサイトでは、リンクボタンなども読んでしまうので、リーダー表示にしておくか、読む場所を選択しておきましょう

おわりに

前作『スゴいiPhone 13』からのこの１年の活動を振り返ってみると、印象的なうれしい出来事がたくさんありました。

プロフィールにも記載していますが、私は家電製品総合アドバイザーの資格を保有しています。その資格を主催する家電製品協会から、家電製品資格のPRのお仕事をいただきました。また、家電製品の省エネ性能がひと目でわかるということで経済産業省が普及を進める「統一省エネラベル」のポスターにも採用していただきました。10年以上続けてきたメディアでの情報発信はもちろん、かつての家電量販店での勤務経験など、これまでの活動がつながったように感じて、うれしかったです。ほかにも、南海キャンディーズの山里亮太さんがラジオで「Apple Storeの店員さんに機種変更データ移行の方法を聞いたら、『かじがやさんのYouTubeがわかりやすいので、それを見てやれば間違いないです』と言われた」というエピソードをお話しされていたことを知り、YouTubeチャンネル『かじがや電器店』も続けてきてよかったと、あらためて思いました。

自分の興味が向くままでしたが、ここに来て、ずっと続けてきた活動の成果がさまざまなかたちで見えてくるようになり、ますますモチベーションが上がっています。これからも、iPhoneはもちろん、日々進化する家電製品も追いかけて情報を発信し、役に立ったという皆さんの喜ぶ声がもっと聞こえてくるようにがんばりたいと思っています。

最後になりましたが今回も『スゴいiPhone』シリーズを実現させてくれたインプレスの石坂さん、企画段階から最後の最後までフォローしてくれた編集の矢野さん、帯書きを快く承諾してくれたジャングルポケット・斉藤慎二さん、この場を借りてお礼申し上げます。

2022年12月　かじがや卓哉

索引

本書のご感想をぜひお寄せください
https://book.impress.co.jp/books/1122101104

読者登録サービス
CLUB impress

アンケート回答者の中から、抽選で**商品券**(**1万円分**)や**図書カード**(**1,000円分**)などを毎月プレゼント。
当選は賞品の発送をもって代えさせていただきます。

■商品に関する問い合わせ先

このたびは弊社商品をご購入いただきありがとうございます。本書の内容などに関する
お問い合わせは、下記のURLまたは2次元バーコードにある問い合わせフォームからお送りください。

https://book.impress.co.jp/info/

上記フォームがご利用いただけない場合のメールでの問い合わせ先
info@impress.co.jp

※お問い合わせの際は、書名、ISBN、お名前、お電話番号、メールアドレスに加えて、
「該当するページ」と「具体的なご質問内容」「お使いの動作環境」を必ずご明記ください。
なお、本書の範囲を超えるご質問にはお答えできないのでご了承ください。

●電話やFAXでのご質問には対応しておりません。
　また、封書でのお問い合わせは回答までに日数をいただく場合があります。あらかじめご了承ください。
●インプレスブックスの本書情報ページ https://book.impress.co.jp/books/1122101104 では、
　本書のサポート情報や正誤表・訂正情報などを提供しています。あわせてご確認ください。
●本書の奥付に記載されている初版発行日から3年が経過した場合、もしくは本書で紹介している製品や
　サービスについて提供会社によるサポートが終了した場合はご質問にお答えできない場合があります。

■落丁・乱丁本などの問い合わせ先

service@impress.co.jp
※古書店で購入されたものについてはお取り替えできません。

iPhone芸人かじがや卓哉の

スゴいiPhone14 超絶便利なテクニック136
14/Plus/Pro/Pro Max対応

2023年1月21日　初版第1刷発行

著　者　かじがや卓哉
発行人　小川 亨
編集人　高橋隆志
発行所　株式会社インプレス
　　　　〒101-0051　東京都千代田区神田神保町一丁目105番地
　　　　ホームページ　https://book.impress.co.jp/

印刷所　日経印刷株式会社
ISBN978-4-295-01581-9 C3055
Printed in Japan

STAFF

デザイン
楯 まさみ(Side)

制作協力
吉本興業株式会社

撮影
枝松則之

編集
矢野裕彦(TEXTEDIT)

校正
株式会社トップスタジオ

デスク
田中健士

編集長
石坂康夫